JavaEE 程序设计

张道海 著

东南大学出版社
SOUTHEAST UNIVERSITY PRESS

·南京·

内容提要

随着区块链、大数据的深入发展,Java 技术得到了广泛的应用。本书是根据 JavaEE 的轻量级编程技术而编写的实战教程。全书结合 JavaEE 目前流行的应用开发所涉及的相关技术展开,内容涉及 Web 开发前端的 HTML、CSS、JScript 等技术,后端的 Java 核心技术以及 SSH 框架等,并实现相关技术的整合,使读者全面掌握 Java 企业级应用开发所涉及的相关技术的基本原理和过程,从而能够进行实际项目开发。

本书简明扼要,通俗易懂,即学即用,各知识点都有相应的实例,注重知识的系统性、连贯性和规范性。本书在编写的时候考虑到 JavaEE 主流的技术架构是 JDK＋Eclipse,整合了 Tomcat、MySQL、Jigloo、Struts、JFreeChart、JasperReport、Hibernate、Spring 等第三方插件,每个实例短小精悍,便于模仿学习,使读者在短时间内掌握相关技术的工作原理。本书主要面向高等学校相关专业的师生,以及有志于 Java Web 编程的初学者或者对 JavaEE 轻量级开发感兴趣的读者。

图书在版编目(CIP)数据

JavaEE 程序设计/ 张道海著. —南京:东南大学
出版社,2021.5(2024.8重印)
ISBN 978－7－5641－9525－0

Ⅰ.①J… Ⅱ.①张… Ⅲ.①JAVA语言-程序设计
Ⅳ.①TP 312.8

中国版本图书馆 CIP 数据核字(2021)第 095028 号

JavaEE 程序设计
JavaEE Chengxu Sheji

出版发行	东南大学出版社
地　　址	南京市四牌楼 2 号　邮编:210096
责任编辑	史　静
出版人	江建中
网　　址	http://www.seupress.com
经　　销	全国各地新华书店
印　　刷	苏州市古得堡数码印刷有限公司
开　　本	787 mm×1092 mm　1/16
印　　张	13
字　　数	275 千字
版　　次	2021 年 5 月第 1 版
印　　次	2024 年 8 月第 4 次印刷
书　　号	ISBN 978－7－5641－9525－0
定　　价	49.00 元

本社图书若有印装质量问题,请直接与营销部联系。
电话(传真):025－83791830。

前言
Preface

  随着区块链、大数据的深入发展,Java 技术已经深入企业管理系统、教育、科学研究等各个领域,而基于 B/S 架构的JavaEE技术集已成为目前主流的企业管理系统轻量级开发框架。本书紧紧围绕"实用、简明"的指导方针,注重内容的连续性和系统性。书中各个知识点均结合相应实例,并配有图表,循序渐进,尽可能使读者在学习时不感到疲倦,在轻松学习中获取知识。

  要想成为一名成功的 JavaEE 程序员,必须要掌握系统开发环境和运行环境的架构与配置、HTML、JScript、Java、JSP、Servlet、JavaBean、JDBC、Struts、Hibernate、Spring 等技术。本书结构即按照这个思路,从编程体系上共 14 章。

  第 1 章 Java 环境的构建:考虑到目前的主流开发环境基于 JDK ＋Eclipse ＋Tomcat,本章详细介绍了目前主流的系统开发环境的构建与配置,介绍了项目的建立,以及 Java 应用程序和 JSP 页面的开发和运行过程。

  第 2 章 HTML 语言:这是 Web 编程必备基础,本章详细介绍了网页设计中最常用的一些 HTML 标记的使用,包括文本格式标记、图像标记、表格标记、表单标记以及框架标记等。

  第 3 章 CSS 技术:在 Web 页面设计中,如何将样式从 HTML 文档中分离出来,样式表的设计至关重要,本章详细介绍了 CSS 的定义方式和使用。

  第 4 章 JScript 语言:浏览器的脚本语言 JScript 广泛应用于客户端界面设计,本章详细介绍了 JScript 语言的基础及事件过程。

  第 5 章 Java 程序基础:本章详细介绍了 Java 语言的基础以及类与对象等面向对象编程相关的核心概念、类的创建与使用、抽象类和接口的创建与使用、异常处理等。

  第 6 章 JSP 程序设计:本章详细介绍了 JSP 的页面结构、JSP 的编译指令、JSP 代码、JSP 的内置对象等内容。

  第 7 章 文件操作:本章详细介绍了在 Java 应用程序和 JSP 页面中实现文件的创建、字节流和字符流的写入与读取。

第 8 章 Servlet 技术：本章详细介绍了 Servlet 的概念、Servlet 的生命周期、Servlet 程序的编写与运行、Servlet 与用户的交互。

第 9 章 JavaBean 技术：本章详细介绍了 JavaBean 的概念、JavaBean 的创建与使用以及 JSP 的设计模式。

第 10 章 Java 数据库程序设计：本章详细介绍了 SQL 语言以及 MySQL 数据库的应用、数据库程序设计的相关类、事务处理、分页显示以及使用 JavaBean 访问数据库。

第 11 章 图形用户界面(GUI)：本章详细介绍了 GUI 程序设计的相关概念、窗口容器、容器的布局策略以及事件处理过程。

第 12 章 Struts 技术：本章详细介绍了 Struts 框架的安装和配置过程，通过实例讲解如何利用 Struts 框架来构建应用程序，以及将 Struts 框架整合 JFreeChart 和 JasperReport 组件来进行统计图形和报表的开发。

第 13 章 Hibernate 技术：本章详细介绍了 Hibernate 框架的安装和配置过程，通过实例讲解如何通过 Hibernate 来实现关系数据库和对象之间的映射，以及将 Struts 框架整合 Hibernate 框架来进行应用程序的开发。

第 14 章 Spring 技术：本章详细介绍了 Spring 框架的安装和配置过程，通过实例讲解如何通过 Spring 来实现系统的架构，以及利用 SSH(Struts＋Spring＋Hibernate)框架进行应用程序的开发。

本书的出版得到了"江苏高校品牌专业建设工程资助项目"(英文标志：Top－notch Academic Programs Project of Jiangsu University Higher Education Institutions,英文标志简称：TAPP)、江苏省高校哲学社会科学研究重大项目(2020SJZDA063)的大力支持,谨在此表达诚挚的谢意。

本书在编写过程中主要依据 Sun 公司的 Java 开发标准，同时参考了相关书籍文档以及代码，并结合笔者多年教学实践的积累，最终得以完成。文中恕不一一标注出处，其原文版权属于原作者，特此声明。

由于本书编写的时间和作者自身水平的有限，书中难免有不足之处，敬请广大读者批评指教。

笔者
2020 年 12 月于镇江

目　录

Content

· 1 ·

第 1 章　Java 环境的构建

通过本章内容的学习,使读者初步掌握 JavaEE 开发环境和运行环境的安装与配置及其使用,为后续章节内容的学习打下基础。本教程基于 Windows10 64 位操作系统,整合 JDK8.0、Eclipse-jee-2019、Tomcat9.0 工具,构建 JavaEE 环境。

学习目标:

(1) 了解 JavaEE 环境的安装与配置。

(2) 掌握 Eclipse 环境,建立项目。

(3) 初步了解 Java 应用程序、JSP 程序的编写及运行。

1.1　Java 环境的构建

1.1.1　JDK 的安装与配置

Sun 公司(已被 Oracle 公司收购)提供了免费的 JDK,可以在网站上搜索下载 64 位和 32 位版本。本教程使用的版本是 jdk_8.0.1310.11_64.exe,运行该文件,在弹出的安装向导中设置安装目录后,依次选择【Next】→【Yes】→【Finish】等,直至安装完毕。注意:为了便于后面的配置,本教程将 JDK 安装在 D:\jdk 目录下,安装后在该目录下形成如图 1-1 所示的目录文件结构。

图 1-1　JDK 的目录文件结构

JDK 安装好后需要设置环境变量 java_home、path 和 classpath(不区分大小写)。方法：在打开的资源管理器里右击 此电脑 图标，在显示的右键菜单中选择【属性】，然后在弹出的【系统】窗口中依次选择【高级系统设置】→【环境变量】，打开如图 1-2 所示的窗口。

图 1-2　系统环境变量配置

在【环境变量】窗口的【系统变量(S)】列表框下方单击【新建】按钮，在弹出的【新建系统变量】对话框中设置变量名为 java_home，变量值为 d：\jdk，如图 1-3 所示，然后单击【确定】按钮。

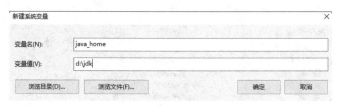

图 1-3　设置环境变量 java_home

path 环境变量已经存在，可在【系统变量(S)】列表框中找到该变量，单击【编辑】按钮，然后在如图 1-4 所示的窗口中单击【新建】按钮，输入"d：\jdk\bin"，接着单击【确定】按钮。

图 1-4　设置环境变量 path

在【环境变量】窗口的【系统变量(S)】列表框下方单击【新建】按钮,在弹出的【新建系统变量】对话框中设置变量名为 classpath,设置类库文件,变量值为 d:\jdk\lib\dt. jar;d:\jdk\lib\tools. jar,如图 1-5 所示,然后单击【确定】按钮。

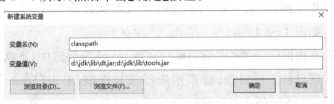

图 1-5　设置环境变量 classpath

至此,JDK 的安装与配置就完成了。然后右击【Windows 开始】菜单,选择【运行】,输入 cmd 命令,进入【cmd.exe】窗口,如图 1-6 所示,输入命令 java -version,得到 JDK 的版本号。

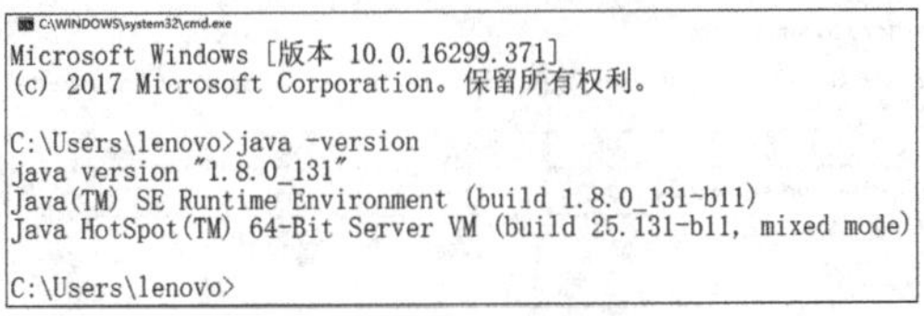

```
C:\WINDOWS\system32\cmd.exe
Microsoft Windows [版本 10.0.16299.371]
(c) 2017 Microsoft Corporation. 保留所有权利。

C:\Users\lenovo>java -version
java version "1.8.0_131"
Java(TM) SE Runtime Environment (build 1.8.0_131-b11)
Java HotSpot(TM) 64-Bit Server VM (build 25.131-b11, mixed mode)

C:\Users\lenovo>
```

图 1-6　【cmd. exe】窗口

JDK 的安装使本机具有了编译和运行 Java 程序的能力,而要编写 Java 程序,还需要安装和配置开发环境。目前,Java 程序的编辑工具有很多,如 JCreator、JBuilder、Editplus、Eclipse 等,甚至是 Windows 的记事本也可编写。从目前市场反映来看,Eclipse 是专业和非专业人士的首选 Java 集成开发工具,支持跨平台开发以及第三方插件。

1.1.2　Eclipse 的安装与配置

Eclipse 是著名的跨平台 Java 编辑容器,提供 J2SE、J2EE、J2ME 开发支持的三个版本,为了满足个性化的需求,还支持第三方插件。本教程使用的是解压免安装版:eclipse-jee-2019-06-R-win32-x86_64.zip,该版本不但可以创建 JavaSE 项目,还可以创建 JavaEE 项目。该软件可以从官网(http://www.eclipse.org)上下载。Eclipse 的安装很简单,只需将该软件包解压即可,将其解压到 D 盘根目录下,解压后形成如图 1-7 所示的目录结构。

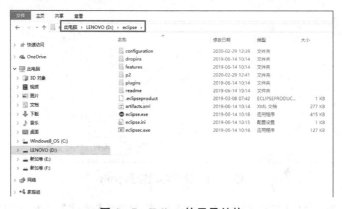

图 1-7　Eclipse 的目录结构

找到 D:\eclipse 目录中的 eclipse.exe 文件,双击该文件启动 Eclipse。启动时,Eclipse 需要设置自己的工作空间(workspace),即保存项目源文件的文件夹,本教程设置为 D:\myworkspace2020,如图 1-8 所示。

若将左下角的复选框□Use this as the default and do not ask again 选中,下次启动时就不再询问了。若需要改变项目的工作目录,就不用选择该复选框,单击【Launch】按钮即可启动 Eclipse,进入如图 1-9 所示的欢迎界面。

在图 1-9 中,将右下角的复选框☑Always show Welcome at start up 取消选中,下次运行时就不会再显示欢迎界面了,直接进入如图 1-10 所示的界面。

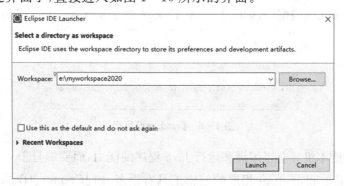

图 1-8　启动 Eclipse

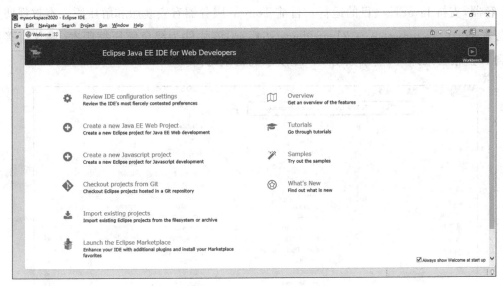

图 1 - 9　Eclipse 欢迎界面

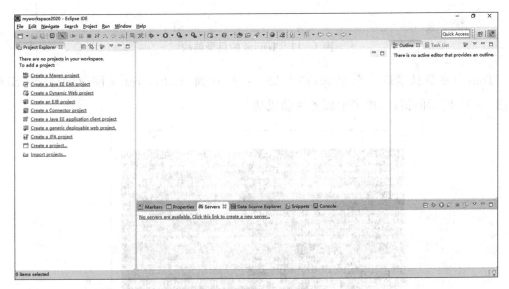

图 1 - 10　Eclipse 主界面

　　要用 Eclipse 构建 JavaEE 项目,还需要一个运行 JavaEE 的容器 Tomcat,下一节将介绍 Tomcat 的安装以及在 Eclipse 中配置整合 Tomcat。

1.1.3　Tomcat 的安装与配置

　　构建 JavaEE 项目的执行环境,除了要安装 JDK,还需要有运行 Web 的容器,即 Web 服务器。Web 服务器也有很多,比如 Tomcat、JBoss、WebLogic、WebSphere、Resin 等,随着软件发展的趋势,这些产品越来越倾向于开源和免费。Tomcat 是由 Sun 公司和 Apache 开发小组共同开发的免费产品,是为了使 JSP/Servlet 能够与 Apache 一起运行而开发的

JSP 容器,支持 JavaEE 项目的运行。目前 Tomcat 服务器有安装版和解压版。本教程使用的版本是 apache-tomcat-9.0.21-windows-x64.zip,该软件为绿色解压缩版本,将其直接解压到 D 盘根目录即可,生成如图 1-11 所示的目录结构。

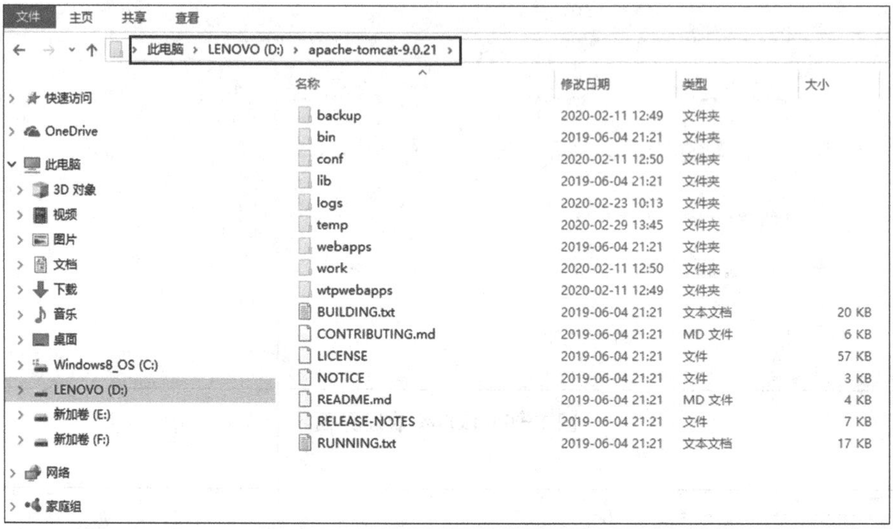

图 1-11 Tomcat 的目录结构

Tomcat 的默认端口号为 8080,进入 bin 目录,找到 startup.bat 文件,双击打开,出现如图 1-12 所示的窗口,即表示服务启动成功。

图 1-12 Tomcat 服务启动窗口

将 Tomcat 服务启动窗口关闭,将其整合到 Eclipse 环境下运行,这样就可以在 Eclipse 中新建 JavaEE 项目,然后将其发布到 Tomcat 环境下,自动加载项目运行,配置过程描述如下。

启动 Eclipse,打开【Window】菜单,单击【Preferences】选项,弹出如图 1-13 所示的窗口。

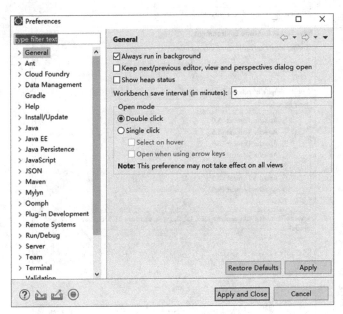

图 1 - 13　Eclipse 选项配置

在该窗口中展开【Server】选项，点击【Runtime Environments】，如图 1 - 14 所示。

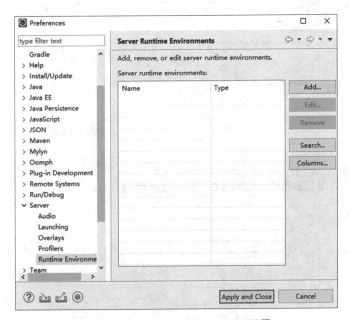

图 1 - 14　Runtime Environments 配置

在图 1-14 所示的窗口中，单击【Add…】按钮，弹出如图 1 - 15 所示的窗口，选择【A-pache Tomcat v9.0】，并将复选框☑Create a new local server 选中，将会创建一个本地服务器，接着单击【Next】按钮，打开如图 1 - 16 所示的窗口。

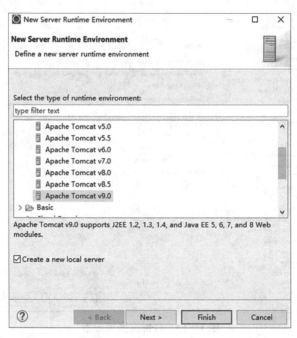

图 1 - 15 【New Server Runtime Environment】窗口

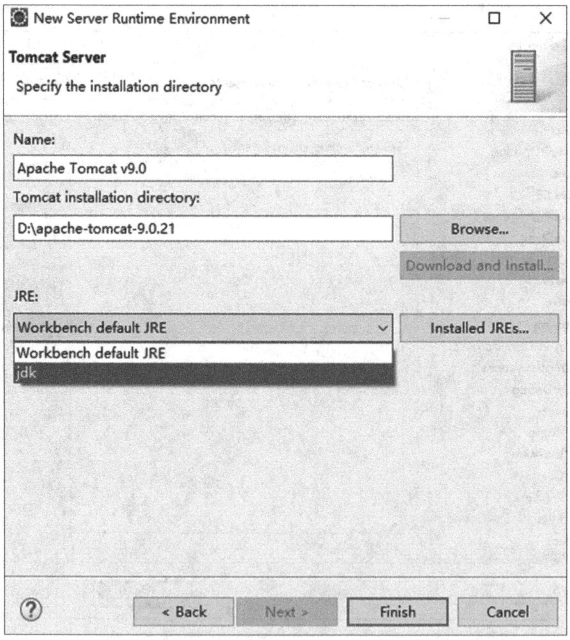

图 1 - 16 设置 Tomcat 的安装目录

在图 1 - 16 所示的窗口中,在【Tomcat installation directory:】文本框中设置 Tomcat 的安装目录,然后单击【Browse…】按钮,选择 Tomcat 所在的目录。在【JRE:】下拉列表中选择本机安装的 jdk,然后单击【Finish】按钮,回到图 1 - 14 所示的窗口,单击【Apply and Close】按钮,完成 Eclipse 环境对 Tomcat 的整合。

这时,看到 Eclipse 主界面的 Project Explorer 窗格中多了【Servers】选项卡,如图1－17所示,选择【Servers】选项卡,双击【Tomcat v9.0 Server at localhost[Stopped,Repulish]】,出现如图 1－18 所示的窗口。

图 1－17　配置好 Tomcat 后的 Eclipse 主界面

在图 1－18 所示的窗口中,在【Server Locations】区域选择项目发布目录,如图所示进行设置并保存,这样新建的项目将发布到 D:\apache-tomcat-9.0.21\wtpwebapps 目录中。

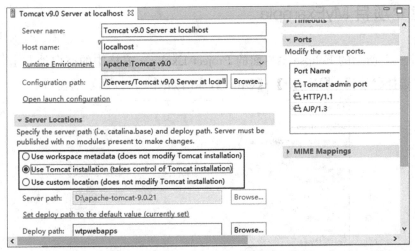

图 1－18　Server 配置

另外要注意,在编写 JSP 程序时往往会涉及中文字符,而 Eclipse 的 JSP 文档默认编码为 ISO-8859-1,该编码规范不支持中文字符。为了程序编写的方便,需要将其改为支持中文字符的 UTF-8 编码规范。修改方法:在 Eclipse 主界面中依次选择【Window】→【Preferences】,打开 Eclipse 的选项配置窗口,然后选择【Web】选项下的【JSP File】,如图 1－19 所示,接着在【Encoding:】下拉列表中选择【ISO 10646/Unicode(UTF-8)】,最后单击【Apply and Close】按钮。这样就不用在每个新建的 JSP 程序代码中修改编码规范了,其他类型的文件若有需要，也可参照此方法设置其编码规范。

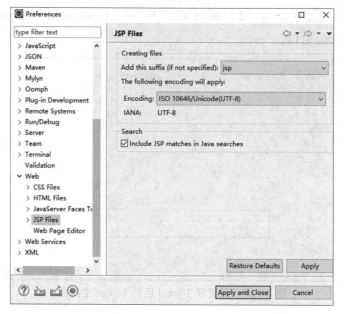

图 1－19　JSP 文档编码规范的设置

1.2　建立项目 MyExample

在图 1－17 所示的 Eclipse 主界面的 Project Explorer 窗格中的空白处右击，弹出快捷菜单，依次选择【New】→【Project】→【Other】，弹出如图 1－20 所示的窗口。

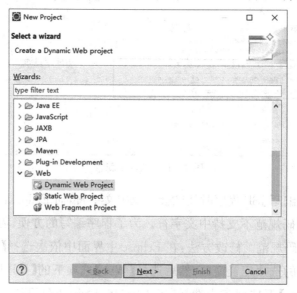

图 1－20　【New Project】窗口

在图 1 - 20 所示的窗口中,依次选择【Web】→【Dynamic Web Project】,然后单击【Next】按钮,打开如图 1 - 21 所示的窗口。

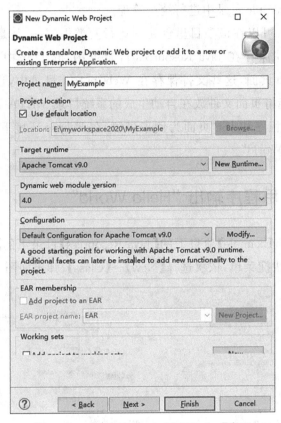

图 1 - 21　【New Dynamic Web Project】窗口

在【Project name:】文本框中输入项目名"MyExample",然后单击【Finish】按钮,即可生成 MyExample 项目,如图 1 - 22 所示。

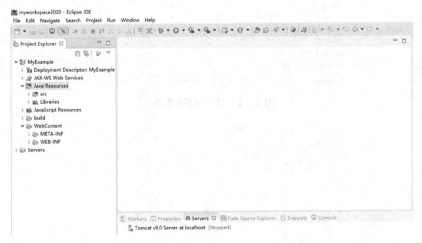

图 1 - 22　生成 MyExample 项目

一个项目名即对应工作空间中的一个文件夹,本教程设置了 D:\myworkspace2020 为 Eclipse 的默认工作空间,因此项目里所有新建和自动产生的源文件都将保存在 D:\my-workspace2020\MyExample 目录中进行统一管理。

有了这个项目后,可以在该项目里创建和运行两类程序:一类是以.java 为扩展名的 Java 类程序,这些文件保存在 Java Resources 目录下的 src 目录中;另一类是以.jsp 或 .html 为扩展名的 Web 页面,这些文件保存在 WebContent 目录中,也可以建立子文件夹 进行分类存放,但不能将页面文件放在自动生成的系统目录 META-INF 和 WEB-INF 中。 下面分别以 Java 应用程序和 JSP 页面为例来讲解,在 Eclipse 环境下编写和运行代码,实 现输出字符串"Hello World"。

1.3   以 Java 应用程序输出 "Hello World"

在图 1-22 中【MyExample】项目下的【Java Resources】目录下的【src】目录上右击,弹 出如图 1-23 所示的快捷菜单,依次选择【New】→【Class】,弹出如图 1-24 所示的窗口。

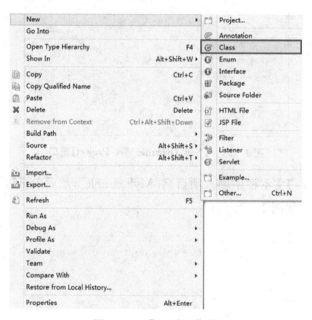

图 1-23   【New】子菜单

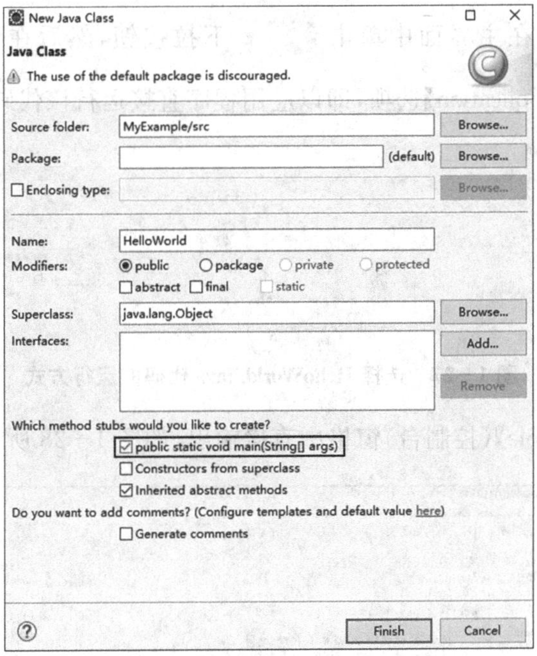

图 1 - 24　【New Java Class】窗口

在【Name：】文本框中输入"HelloWorld"，创建 Java 应用程序的类名，然后在【Which method stubs would you like to create?】区域中选中【public static void main(String[] args)】复选框，将自动生成应用程序的入口函数 main()。单击【Finish】按钮，即生成如图 1 - 25 所示的内容。

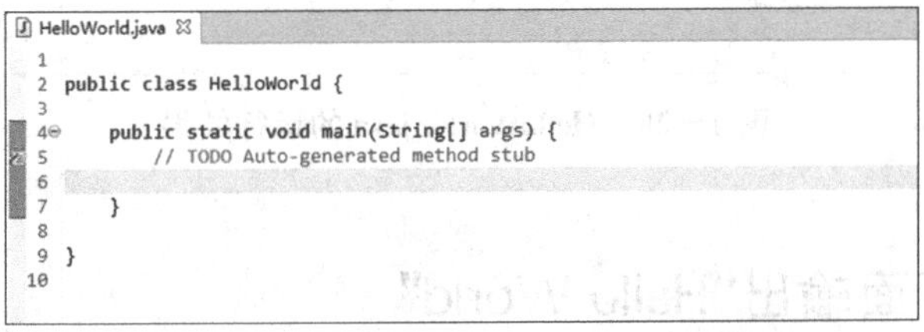

图 1 - 25　HelloWorld. java 的代码编辑窗口

在代码编辑窗口的 main() 主函数中（注：main() 是应用程序的入口函数，没有 main() 代码就不能作为应用程序直接运行）增加如图 1 - 26 所示的代码，即完成代码的编写。

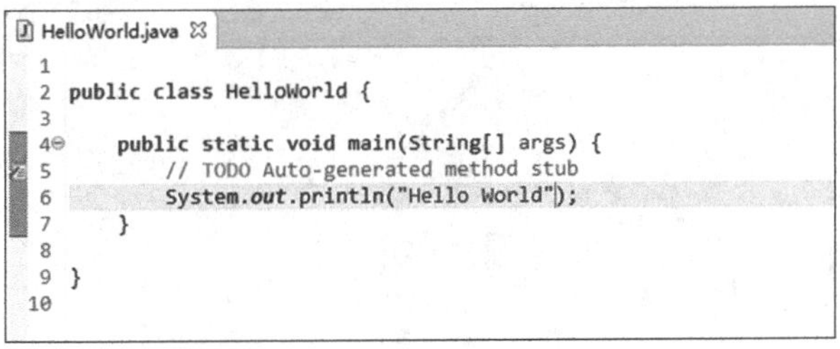

图 1 - 26　编写 HelloWorld. java 代码

如图 1-27 所示,在主界面中单击  下拉按钮,然后在下拉菜单中依次选择
【Run As】→【2 Java Application】选项,即以应用程序直接运行该代码。

图 1-27　选择 HelloWorld. java 代码的运行方式

运行结果在【Console】(控制台)窗格中直接输出,如图 1-28 所示。

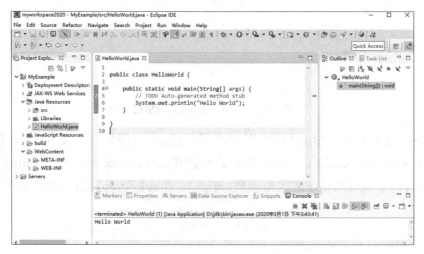

图 1-28　HelloWorld. java 的运行结果

1.4　以 JSP 页面输出"Hello World"

右击图 1-22 中【MyExample】项目下的【WebContent】目录,弹出如图 1-29 所示的快
捷菜单,依次选择【New】→【JSP File】,弹出如图 1-30 所示的窗口。

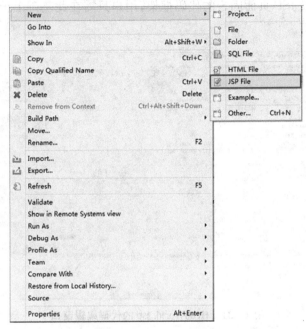

图 1 - 29　【New】子菜单

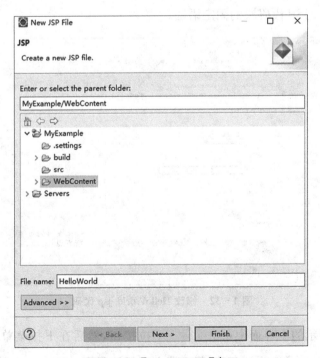

图 1 - 30　【New JSP File】窗口

在【File name：】文本框中输入"HelloWorld"，然后单击【Finish】按钮，打开如图 1 - 31
所示的窗口。

系统会默认生成 JSP 页面固定的代码框架,用户只需在此基础上根据需要完成功能,修改相应的代码即可。

图 1-31　HelloWorld.jsp 的代码编辑窗口

在代码编辑窗口中,修改和增加如图 1-32 所示的代码。注意:<%...%>为在 HTML 代码中嵌入 JSP 代码块的固定语法。

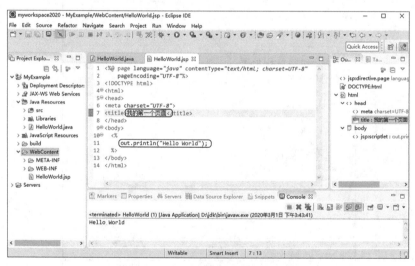

图 1-32　修改 HelloWorld.jsp 代码

在图 1-32 所示的主界面中单击 ▶️ ▾ 下拉按钮,然后在下拉菜单中依次选择【Run As】→【1 Run on Server】选项,即可在服务器上运行该程序。初次运行时,会弹出如图 1-33 所示的窗口,按图所示进行设置。Eclipse 会自动加载 Tomcat 服务器,如果服务器未启动将自动启动,如果已经启动则无需重新启动服务器;否则,若后台有服务正在运行,每一次重新启动服务器会造成 8080 端口冲突。

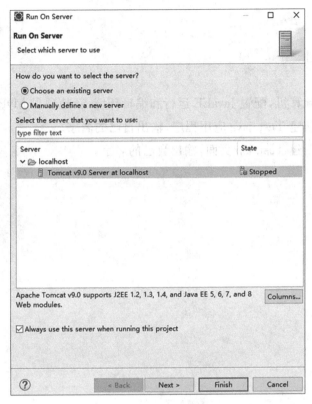

图 1 - 33　服务器设置窗口

设置完成后单击【Finish】按钮，Eclipse 会自动加载 HelloWorld. jsp 页面（注意：若在断网状态下，浏览器加载页面失败，则需要在 Windows10 的 IE 浏览器中打开【Internet 选项】窗口，然后在【连接】选项卡中取消自动检测设置）。HelloWorld. jsp 程序的运行结果如图 1 - 34 所示。

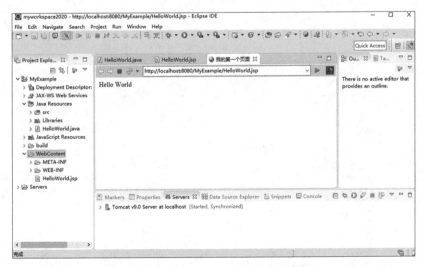

图 1 - 34　HelloWorld. jsp 的运行结果

1.5　实践练习

（1）准备一台计算机，配置 JavaEE 运行和编辑环境，新建项目 MyProject。

（2）在项目中新建 Test.java 应用程序，输出自己的名字。

（3）在项目中新建 Test.jsp 页面，输出自己的名字。

第 2 章 HTML 语言

HTML 是 Web 编程必备的重要语言之一。通过本章内容的学习,使读者掌握常用 HTML 标记的使用。本章创建的 HTML 类型文件可由客户端浏览器解释执行,因此无需 Tomcat 服务器,可直接通过浏览器打开。本教程为了运行和调试方便,统一在 Eclipse 环境下运行。

学习目标:

(1) 掌握 HTML 的基本语法。

(2) 掌握常用的标记,进行文本、图片、链接、表格、框架等内容的定义与使用。

(3) 掌握表单基本元素及其使用。

2.1 HTML 标记的基本语法

2.1.1 HTML 的语法

语法一:成对标记

<标记符 属性 1＝"值 1" 属性 2＝"值 2" …＞显示的内容</标记符>

语法二:非成对标记

<标记符 属性 1＝"值 1" 属性 2＝"值 2" …＞显示的内容

2.1.2 HTML 的整体结构

实验内容:了解 HTML 网页框架,程序名称 E21. html

```
<HTML>      <!--告知浏览器下面的内容为 HTML 文档-->
   <HEAD>      <!--告知浏览器下面的内容为 HTML 文档的头部-->
      <TITLE> </TITLE>    <!--定义 HTML 文档的显示标题-->
   </HEAD>     <!--告知浏览器 HTML 文档的头部定义结束-->
   <BODY>      <!--告知浏览器下面的内容为 HTML 文档的主体部分-->
   </BODY>       <!--告知浏览器 HTML 文档的主体部分定义结束-->
</HTML>    <!--告知浏览器 HTML 文档定义结束-->
```

说明:

(1) HTML 语法不区分大小写。

(2) 浏览器忽略<!-- 注解说明-->解释。

(3) HTML 标记大部分为成对标记,后文如不作特殊说明,均指成对标记。

2.2 ＜HEAD＞头标记

实验内容：使用头标记，程序名称 E22．html

```
<HTML>
<HEAD>
    <META NAME="Description" CONTENT="The Page Of HTML">
    <META NAME="Keywords" CONTENT="Good,Better,Best">
    <META HTTP-EQUIV= "Content-type" CONTENT="Text/html;charset=UTF-8">
    <META NAME="Author" CONTENT="Zhou RunFa">
    <META HTTP-EQUIV="Refresh" CONTENT="3; URL=http://www.baidu.com">
<TITLE>我的第一页面</TITLE>
</HEAD>
<BODY> </BODY>
</HTML>
```

运行结果如图 2-1 所示，刚开始显示空白页面，3 秒后打开百度主页。

图 2-1　E22．html 的运行结果

2.3 文本格式标记

2.3.1 ＜BODY＞标记

实验内容：使用格式标记，程序名称 E23．html

```
<HTML>
<BODY bgcolor="#0000ff" text="#000000" link="#ff0000" alink="#00ff00"
vlink="#000000" background="bg.jpg">
    我们伟大的祖国
</BODY>
</HTML>
```

运行结果如图 2-2 所示。注意：要保证当前目录下有 bg．jpg 背景图片；另外，有了背景图片后，bgcolor 属性设置的背景颜色将被覆盖；text 属性为文本颜色，link 属性为超级链接文本颜色，alink 属性为点击链接时的文本颜色，vlink 属性为链接被点击以后的文本颜色。

图 2 - 2　E23. html 的运行结果

2.3.2　
标记

换行标记,是非成对标记。

2.3.3　<P>标记

段落标记,</p>可省略。

2.3.4　<H1>～<H6>标记

标题标记,使用后文本将自动加粗,<H1>定义的字体最大,<H6>定义的字体最小。

2.3.5　<FONT>标记

实验内容:使用字体标记,程序名称 E24. html

```
<HTML><BODY>
    <FONT face= "隶书" size="5" color="blue">
    本书的特色是以案例为主,全书有若干个完整的案例。
    </FONT>
</BODY>
</HTML>
```

运行结果如图 2 - 3 所示。

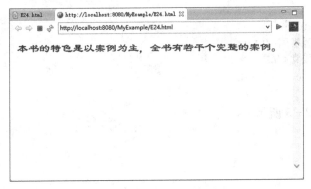

图 2 - 3　E24. html 的运行结果

2.3.6 <HR>标记

显示水平线标记,是非成对标记。

实验内容:使用水平线标记,程序名称 E25.html

```
<HTML><BODY>
    <HR align="left" width="50%" size="1" color= "#ff0000">
</BODY>  </HTML>
```

运行结果如图 2－4 所示。

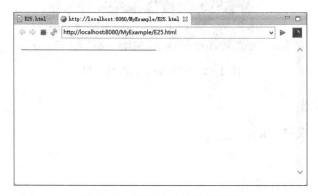

图 2－4 E25. html 的运行结果

2.3.7 <CENTER>标记

居中对齐标记。

2.3.8 <OL>和<UL>标记

<OL>是有序列表标记,<UL>是无序列表标记。

实验内容:使用列表标记,程序名称 E26.html

```
<HTML><BODY>
        有序列表<OL>
            <LI>热爱祖国</LI>
            <LI>热爱人民</LI>
        </OL>
        无序列表<UL>
            <LI>热爱祖国</LI>
            <LI>热爱党</LI>
        </UL>
</BODY></HTML>
```

运行结果如图 2－5 所示。

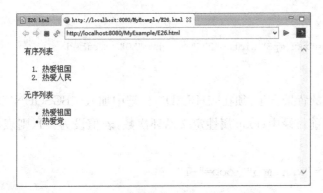

图 2 - 5　E26. html 的运行结果

2.4　图像标记

<IMG>是图像标记,是非成对标记。

实验内容:使用图像标记,程序名称 E27. html

```
<HTML>
<BODY>
    <IMG src="bg.jpg" width="200" height="100" border="0">
</BODY>
</HTML>
```

运行结果如图 2 - 6 所示。

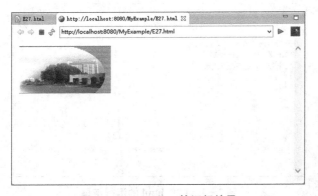

图 2 - 6　E27. html 的运行结果

2.5　音乐控制组件标记

<EMBED>是音乐控制组件标记。

实验内容:使用音乐控制组件标记,程序名称 E28. html

```
<HTML>
<BODY>
    <EMBED src="xxx.mp3" width="200" height="50" ></embed>
</BODY>
</HTML>
```

若要设置页面的背景音乐,须在<HEAD>标记中加入<BGSOUND>标记,并将 xxx.mp3 文件放置在当前目录中;loop 属性定义循环次数,若值设为-1,则表示无限次循环,如下所示:

```
<BGSOUND src="xxx.mp3" loop="-1">
```

2.6 表格标记

<TABLE>是基本表格标记,<TR>是表格的行标记,<TD>是表格的列标记。

实验内容:使用基本表格标记,程序名称 E29. html

```
<HTML><BODY>
  <TABLE border="1">
    <TR><TD> 第一行第一列</TD><TD> 第一行第二列</TD></TR>
    <TR><TD> 第二行第一列</TD><TD> 第二行第二列</TD></TR>
    <TR><TD> 第三行第一列</TD><TD> 第三行第二列</TD></TR>
  </TABLE>
</BODY></HTML>
```

运行结果如图 2-7 所示。

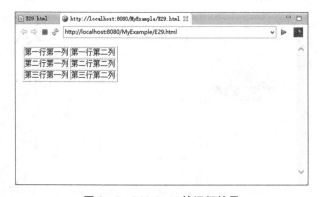

图 2-7 E29. html 的运行结果

实验内容:实现跨行和跨列,程序名称 E210. html

```
<HTML> <BODY>
  <TABLE border="1">
    <TR>
      <TD rowspan="2"> 跨两行</TD>
      <TD colspan="2"> 跨两列</TD>
    </TR>
```

```
      <TR>
         <TD>1000</TD>
         <TD>1000</TD>
      </TR>
      <TR>
         <TD>3000</TD>
         <TD>2000</TD>
         <TD>4000</TD>
      </TR>
   </TABLE>
</BODY></HTML>
```

运行结果如图 2-8 所示。

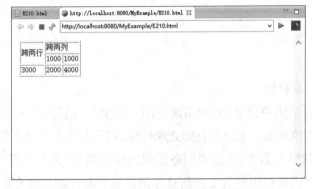

图 2-8　E210. html 的运行结果

说明：

（1）border 属性用来设定表格外框的宽度，默认值为 0，表示表格的边框隐藏不显示，目的是对内容进行排版。

（2）表格中可以再嵌套表格，在一般的网页设计中，表格的层层嵌套是非常普遍的。

（3）单元格不但可以显示文本，还可以显示图片、动画等。

2.7　超级链接标记

<A>是超级链接标记。

实验内容：使用超级链接标记，程序名称 E211. html

```
<HTML>
<BODY>
<A href= "E210.html"> 上一个页面</A>< BR>
<A href= "http://www.ujs.edu.cn" target="_blank"> 江苏大学</A>
</BODY>
</HTML>
```

运行结果如图 2-9 所示。

图 2 - 9　E211. html 的运行结果

2.8　表单标记

<FORM>是表单标记。

表单的功能是收集用户信息,实现系统与用户的交互,比如 E-mail 邮箱的注册页面就是一个十分典型的表单页面。表单信息的处理过程如下:当单击表单中的提交按钮时,表单中的信息就会上传到服务器中,然后由服务器端的应用程序(例如 ASP、PHP、JSP、Servlet 等)进行处理,处理完成后将用户提交的信息存储在服务器端的存储介质中,最后将相关信息返回到客户端浏览器上。

实验内容:表单的基本使用方法,程序名称 E212. html

```
<HTML><BODY>
<FORM METHOD="Post" ACTION="">
用户名:<INPUT TYPE="Text" NAME="UserID"><BR>
密码:<INPUT TYPE="Password" NAME="UserPWD"><BR>
性别:<INPUT TYPE="RADIO" NAME="UserXB" VALUE="男" CHECKED> 男
      <INPUT TYPE="RADIO" NAME="UserXB" VALUE="女">女<BR>
爱好:<INPUT TYPE="CHECKBOX" NAME="UserAH1" VALUE="basketball"> 篮球
      <INPUT TYPE="CHECKBOX" NAME="UserAH2" VALUE="football"> 足球<BR>
职业:<SELECT NAME="UserZY">
            <OPTION VALUE="teacher">教师</OPTION>
            <OPTION VALUE="student">学生</OPTION>
    </SELECT><BR>
意见:<TEXTAREA NAME="UserYJ" COLS="45" ROWS= "5">
    </TEXTAREA><BR>
  <INPUT TYPE="Submit" VALUE="提交" NAME="B1">
  <INPUT TYPE="Reset" VALUE="重写" NAME="B2">
</FORM>
</BODY></HTML>
```

运行结果如图 2 - 10 所示。在表单制作过程中,经常遇到的表单控件包括文本框、密码框、多选框、单选框、组合框、下拉列表框和多行文本框等。

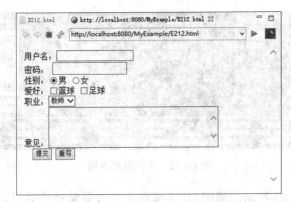

图 2 - 10　E212. htm 的运行结果

2.9　框架标记

<FRAMESET>是框架标记。

实验内容:框架的基本使用方法,程序名称 E213. html

```
<FRAMESET COLS="25% ,*" FRAMEBORDER="1">
  <FRAME NAME="LEFT" SRC="E211.html" NORESIZE>
  <FRAME NAME="MAIN" SRC="E212.html">
</FRAMESET>
```

运行结果如图 2 - 11 所示。可以看到页面嵌入了 E211. html 程序和 E212. html 程序,
并分别显示为左右两部分。

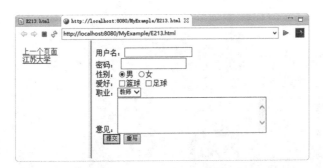

图 2 - 11　E213. html 的运行结果

2.10　实践练习

(1) 按照如图 2 - 12 所示的样式创建内容,用表格完成页面的布局。

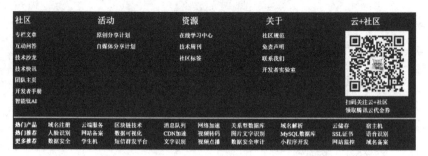

图 2-12 示例页面布局

（2）建立如图 2-13 所示的框架，并实现点击左边导航链接后可在主窗口中打开相应页面。

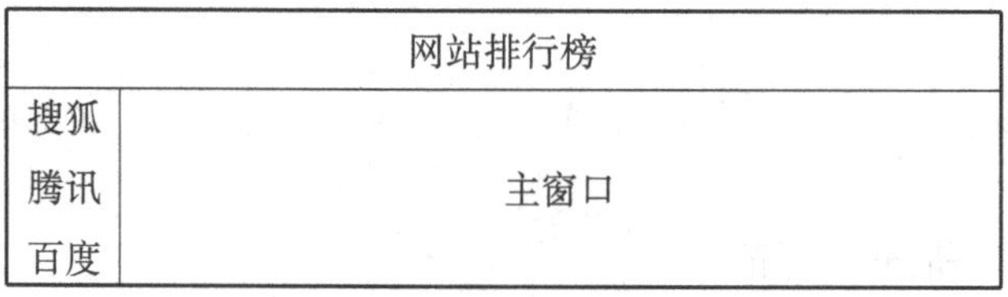

网站排行榜	
搜狐	
腾讯	主窗口
百度	

图 2-13 示例框架

第 3 章　CSS 技术

CSS 是 Web 编程必备的重要技术之一。通过本章内容的学习,使读者掌握常用 CSS 的基本语法、定义和使用。

学习目标:

(1) 掌握 CSS 的基本语法。

(2) 掌握 CSS 的定义方式。

(3) 掌握 CSS 样式的使用。

3.1　CSS 概述

CSS(Cascading Style Sheets)指层叠样式表,简称样式表,它可以将文档样式与文档内容分开,甚至可作为外部文件供页面调用,以简化页面的排版。样式表在多个页面中进行共享使用,可以保持页面样式的协调统一。

CSS 样式规则为:选择符{属性:值}。注意,单一选择符的复合样式声明应该用分号隔开,如:选择符{属性 1:值 1;属性 2:值 2}。

> 实验内容:使用 CSS,程序名称 E31. html

```
<HTML>
<HEAD>
    <STYLE TYPE="TEXT/CSS">
        H1 { FONT-SIZE: 36px; COLOR: RED }
        H2 { FONT-SIZE:32px; COLOR: BLUE }
    </STYLE>
</HEAD>
<BODY>
    <H1> 中国,我的祖国! H1 显示的</H1>
    <H2> 中国,我的祖国! H2 显示的</H2>
</BODY>
</HTML>
```

运行结果如图 3-1 所示。

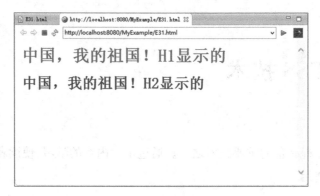

图 3-1　E31.html 的运行结果

3.2　CSS 的定义方式

3.2.1　标记的定义

HTML 标记的属性都有自己默认的样式,我们可以对标记的属性进行重新定义,以满足个性化的需要。如以下代码所示:

```
P {BACKGROUND:YELLOW;}
H1 {FONT-SIZE:36px; COLOR: RED }
```

3.2.2　类的定义

类的定义以点号(.)开头,后面跟上用户自己定义的名字。如以下代码所示:

```
.LITTLERED{COLOR:RED;FONT-SIZE:18px}
.LITTLEGREEN{COLOR:GREEN;FONT-SIZE:18px}
```

类选择符的使用方法为:<标记符 CLASS="类选择符">内容</标记符>

3.2.3　ID 标识的定义

ID 标识的定义以符号♯开头,后面跟上用户自己定义的名字。如以下代码所示:

```
# IDN { COLOR:RED }
```

ID 选择符的使用方法为:<标记符 ID="ID 选择符">内容</标记符>

3.2.4　超级链接的定义

默认状态下,超级链接的文本样式在点击之前、点击过程中或点击后都可能发生改变,造成页面的整体显示不一致的现象,因此在实际编程中,需要对超级链接标记符进行样式的重新定义。超级链接主要有 4 种状态:链接文本原本的状态、链接文本被访问后的状态、鼠标移至链接时的状态以及鼠标点击链接时的状态,通常按上述顺序定义才能有效果。如以下代码所示:

```
A:LINK{COLOR:#000000 ;FONT-SIZE:12px;TEXT-DECORATION:NONE}
```

```
A:VISITED{COLOR: #000000;FONT-SIZE:12px;TEXT-DECORATION:NONE}
A:HOVER{COLOR: #000000;FONT-SIZE:12px;TEXT-DECORATION:NONE}
A:ACTIVE{COLOR: #000000;FONT-SIZE:12px;TEXT-DECORATION:NONE}
```

实验内容:定义超级链接,程序名称 E32.html

```
<HTML>
    <HEAD>
    <STYLE TYPE="text/css">
    A:LINK{COLOR:#000000 ;FONT-SIZE:12px;TEXT-DECORATION:NONE}
    A:VISITED{COLOR: #000000;FONT-SIZE:12px;TEXT-DECORATION:NONE}
    A:HOVER{COLOR: #000000;FONT-SIZE:12px;TEXT-DECORATION:NONE}
    A:ACTIVE{COLOR: #000000;FONT-SIZE:12px;TEXT-DECORATION:NONE}
    </STYLE>
    </HEAD>
    <BODY>
    <A HREF="http://www.ujs.edu.cn"> 江苏大学</a>
    </BODY>
    <HTML>
```

运行结果如图 3-2 所示。

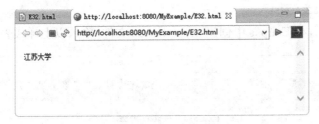

图 3-2　E32.html 的运行结果

3.3　CSS 样式的使用

3.3.1　<HEAD>标记内使用 CSS 样式

实验内容:<HEAD>标记内使用 CSS 样式,程序名称 E33.html

```
<HTML>
    <HEAD>
        <STYLE TYPE="TEXT/CSS">
            H1 {COLOR:GREEN;FONT-SIZE:37PX;}
            P {BACKGROUND:YELLOW;}
        </STYLE>
    </HEAD>
    <BODY>
        <H1> 北京大学,清华大学</H1>
        <P> 南京大学,复旦大学</P>
    </BODY>
</HTML>
```

运行结果如图 3 - 3 所示。

图 3 - 3　E33. html 的运行结果

3.3.2　文件外使用 CSS 样式

实验内容:使用样式表文件,程序名称 mystyle.css

```
H1 {COLOR:GREEN;FONT-SIZE:37PX;}
P {BACKGROUND:YELLOW;}
```

如图 3 - 4 所示,在 Eclipse 中创建 mystyle. css 文件,输入以上样式表定义内容。

图 3 - 4　mystyle. css 文件的内容

(1) 链接 CSS 文件

实验内容:链接 CSS 文件,程序名称 E34. html

```
<HTML>
<HEAD>
    <LINK REL=STYLESHEET HREF="mystyle.css" TYPE="TEXT/CSS">
</HEAD>
```

```
<BODY>
    <H1> 北京大学,清华大学</H1>
    <P> 南京大学,复旦大学</P>
</BODY></HTML>
```

运行结果同样如图 3-3 所示。

（2）导入 CSS 文件

实验内容：导入 CSS 文件,程序名称 E35.html

```
<HTML><HEAD>
    <STYLE TYPE="TEXT/CSS">
        @IMPORT URL(mystyle.css);
    </STYLE>
    <BODY>
        <H1> 北京大学,清华大学</H1>
        <P> 南京大学,复旦大学</P>
    </BODY>
</HTML>
```

运行结果同图 3-3 所示。

3.4　实践练习

　　将如下样式定义在独立的样式表文件中,然后在页面中创建相关内容并应用这些样式,显示结果。

```
body{background-color:#d0e4fe}
p{background:yellow;font-size:12px}
.littlered{color:red;font-size:12px}
#no2{color:green;font-size:12px}
a:link{color:#000000;font-size:12px;text-decoration:none}
a:visited{color:#ff0000;font-size:12px;text-decoration:none}
a:hover{color:#00ff00;font-size:12px;text-decoration:none}
a:active{color:#0000ff;font-size:12px;text-decoration:none}
```

第 4 章　JScript 语言

JScript(Java Script)是重要的浏览器脚本语言。通过本章内容的学习,使读者掌握JScript 的语法、事件和事件过程,能够初步实现在客户端和用户之间的交互。

学习目标:

(1) 掌握 JScript 定义的基本语法。

(2) 掌握 JScript 语言的基础。

(3) 掌握 JScript 中函数的定义和使用。

(4) 掌握 JScript 的事件和事件过程。

4.1　JScript 简介

JScript 是一种脚本语言,所谓的脚本语言就是可以和 HTML 语言混合使用的语言。JScript 得到了所有浏览器的支持,并能够跨平台。

从本质上说JScript 和 Java 并没有什么联系,但是同样作为一种语言,两者可以从三个角度来区别:

(1) JScript 是解释型语言,当程序执行的时候,浏览器一边解释一边执行;而 Java 是编译型语言,必须经过编译后才能执行。

(2) 两者的代码格式不一样,Java 代码经过编译后成为二进制文件,而 JScript 代码是纯文本文件。

(3) 两者在 HTML 代码中嵌入的方式不一样,JScript 代码是通过<Script>标记嵌入的,而 Java 代码是通过<%...%>符号嵌入的。

4.2　JScript 语言的基础

4.2.1　在网页中引入 JScript 代码

实验内容:使用第一段 JScript 代码,程序名称 E41.html

```
<HTML> <BODY>
    <SCRIPT LANGUAGE="JScript">
        document.write("这是以 JavaScript 输出的!");
```

```
    </SCRIPT>
</BODY> </HTML>
```

运行结果如图 4-1 所示。

图 4-1　E41. html 的运行结果

4.2.2　变量和数组

1) 变量的声明与使用

(1) 语法

JScript 变量的语法如下所示：

var strUserName；

说明：

①JScript 的变量可以不声明直接使用，但建议使用前先声明。

②JScript 语句后面可以加分号，也可以不加，但建议加上，以表示一条语句的结束，增强代码的规范性。

(2) 变量的命名规则

①变量命名必须以一个英文字母或下划线为开头，也就是变量名的第一个字符必须是 A 到 Z 或是 a 到 z 之间的字母或是"_"。

②变量名的长度在 0~255 个字符之间。

③除了首字符，其他字符可以使用任何字符、数字及下划线，但是不可以使用空格。

④不可以使用 JScript 的运算符号，例如：＋、－、＊、/等。

⑤不可以使用 JScript 用到的保留字，例如：sqrt(开方)、parseInt(转换成整型)等。

⑥在 JScript 中，变量名的大小写是有所区别的，例如：变量 s12 和 S12 是两个不同的变量。

实验内容：使用变量，程序名称 E42. html

```
<HTML> <HEAD>
    <SCRIPT LANGUAGE="JScript">
```

```
        var strWelcome="欢迎您！ <BR> ";
        var iCounter=10;
        iCounter=iCounter+1;
    </SCRIPT>
</HEAD>
<BODY>
    <SCRIPT LANGUAGE="JScript">
        document.write(strWelcome);
        document.write(iCounter);
    </SCRIPT>
</BODY> </HTML>
```

运行结果如图 4-2 所示。在这里可以看到 HTML 标记
是以字符串的形式嵌入脚本程序中。

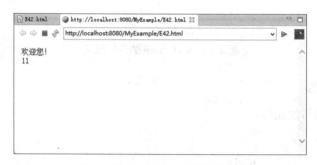

图 4-2　E42. html 的运行结果

2) 数组的声明与使用

一维数组的语法如下所示：

var myArrayName＝new Array(size)

二维数组的语法如下所示：

var myArrayName＝new Array(rSize)

myArrayName[i]＝new Array(cSize)

对数组元素的引用是通过数组名[i]来实现的，i 的取值范围为 0～size－1。

实验内容：使用数组，程序名称 E43. html

```
<HTML> <BODY>
    <SCRIPT LANGUAGE="JScript">
        var arrUserName=new Array(2);
        arrUserName[0]="Student";
        arrUserName[1]="Teacher";
        document.write(arrUserName[0]);
        document.write("<BR>");
        document.write(arrUserName[1]);
        document.write("<BR>");
    </SCRIPT>
</BODY></HTML>
```

运行结果如图 4 – 3 所示。

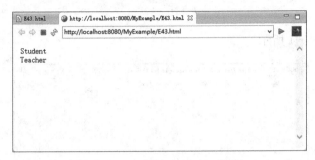

图 4 – 3　E43. html 的运行结果

实验内容：使用数组，程序名称 E43 – 2. html

```
<HTML>
</BODY>
<SCRIPT TYPE="text/javascript">
var b=new Array(3);
for(var i=0;i<3;i++ )
{
    b[i]=new Array(4);
    for(var j=0;j<4;j++ )
        {
            num=Math.ceil(Math.random()*100);
            b[i][j]=num;
            document.write(b[i][j]+ " ");
        }
    document.write("<BR>");
}
</SCRIPT>
</BODY>
</HTML>
```

上述程序代码用随机整数建立了一个 3 行 4 列的二维数组。

4.2.3　表达式和运算符

1) 算术运算符

JScript 的算术运算符包括：＋＋（自增 1）、－－（自减 1）、＊（乘）、/（除）、％（求余）、＋（加）、－（减）。其中，＋＋、－－的运算优先级高于＊、/、％，＊、/、％的运算优先级高于＋、－。

实验内容：使用算术表达式，程序名称 E44. html

```
<HTML> <BODY>
    <SCRIPT LANGUAGE="JScript">
        document.write(3*2);
        document.write("<BR>");
        document.write(3/2);
        document.write("<BR>");
```

```
        document.write(3%2);//取余数
    </SCRIPT>
</BODY> </HTML>
```

运行结果如图 4－4 所示。

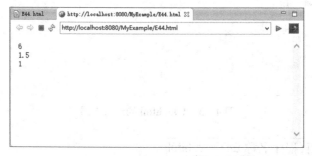

图 4－4　E44. html 的运行结果

2) 逻辑运算符

JScript 的逻辑运算符包括：!（非运算）、&&（与运算）、||（或运算）。其中，! 的运算优先级高于 &&，&& 的运算优先级高于||。

实验内容：使用逻辑表达式，程序名称 E45. html

```
<HTML> <BODY>
    <SCRIPT LANGUAGE="JScript">
        document.write(true&&false);
        document.write("<BR>");
        document.write(false&&false);
        document.write("<BR>");
        document.write(true||false);
        document.write("<BR>");
        document.write(!false);
    </SCRIPT>
</BODY> </HTML>
```

运行结果如图 4－5 所示。

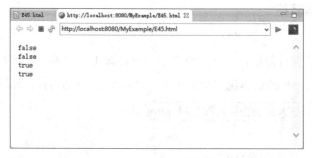

图 4－5　E45. html 的运行结果

3) 字符串运算符

JScript 的字符串运算符为＋（字符串连接）。

实验内容:使用字符串表达式,程序名称 E46. html

```
<HTML> <BODY>
    <SCRIPT LANGUAGE="JScript">
        var strHello="网页编程";
        var strResult="你好,";
        strResult +=strHello;//等价于:strResult=strResult+strHello;
        document.write(strResult);
    </SCRIPT>
</BODY> </HTML>
```

运行结果如图 4 - 6 所示。

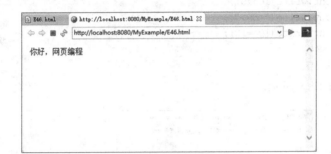

图 4 - 6　E46. html 的运行结果

4) 比较运算符

JScript 的比较运算符包括:==(等于)、!=(不等于)。

实验内容:使用比较表达式,程序名称 E47. html

```
<HTML> <BODY>
    <SCRIPT LANGUAGE="JScript">
        var strHello ="Hello World!";
        var strResult ="你好!";
        document.write(strHello==strResult);
        document.write("< BR>");
        document.write(strHello!=strResult);
    </SCRIPT>
</BODY> </HTML>
```

运行结果如图 4 - 7 所示。

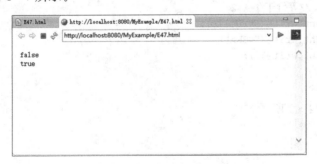

图 4 - 7　E47. html 的运行结果

5）关系运算符

JScript 的关系运算符包括：<（小于）、<＝（小于等于）、>（大于）、>＝（大于等于）。

实验内容：使用关系表达式，程序名称 E48.html

```
<HTML> <BODY>
    <SCRIPT LANGUAGE="JScript">
        document.write(10<10);
        document.write("<BR>");
        document.write(10<=10);
        document.write("<BR>");
        document.write(10>10);
        document.write("<BR>");
        document.write(10>=10);
    </SCRIPT>
</BODY> </HTML>
```

运行结果如图 4-8 所示。

图 4-8   E48. html 的运行结果

6）赋值运算符

JScript 的赋值运算符包括：＝、＋＝、－＝、＊＝、/＝、％＝。

实验内容：使用比较表达式，程序名称 E49.html

```
<HTML> <BODY>
    <SCRIPT LANGUAGE="JScript">
        var strHello ="Hello World!";
        var i=10;
        i%=2;   //等价于 i=i%2
        document.write(strHello);
        document.write("<BR>");
        document.write(i);
    </SCRIPT>
</BODY> </HTML>
```

运行结果如图 4-9 所示。

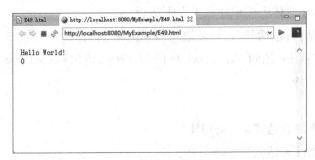

图 4 - 9　E49. html 的运行结果

7）条件运算符

JScript 的条件运算符的语法如下：

条件表达式？ 结果 1：结果 2

如果条件表达式的值为 true，则返回结果为 1，否则返回结果为 2。

实验内容：使用条件表达式，程序名称 E410. html

```
<HTML> <BODY>
        <SCRIPT LANGUAGE="JScript">
        a=(4>3) ? 5 : 7;
        b=(4<3) ? 5 : 7;
        document.write(a);
        document.write("<BR>");
        document.write(b);
    </SCRIPT>
</BODY> </HTML>
```

运行结果如图 4 - 10 所示。

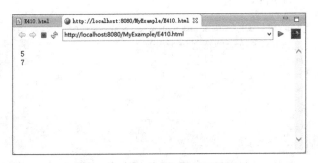

图 4 - 10　E410. html 的运行结果

8）运算符的优先级

总体上，从运算的先后次序来看，JScript 运算符的优先级为：赋值运算符＜逻辑运算符＜比较运算符＜关系运算符＜算术运算符和字符运算符。

4.2.4　控制语句

从语句的控制结构来看，JScript 语句结构可以分为以下三大类：

①顺序结构：程序总体上按顺序从上至下运行。

②条件和分支结构：包括 if … else 语句和 switch 语句。

③循环结构：包括 for 语句、do … while 语句、break 语句和 continue 语句。

1）条件和分支语句

（1）if 语句

语法 1：if ＜条件表达式＞〔语句体〕

语法 2：if ＜条件表达式＞

　　　〔语句体 1〕

　　　else

　　　〔语句体 2〕

实验内容：使用 if 语句，程序名称 E411. html

```
<HTML> <BODY>
<SCRIPT LANGUAGE="JScript">
        var iHour=13;
        if (iHour<12)
        {
        document.write("早上好!");
        }
        else
        {
        document.write("下午好!");
        }
</SCRIPT>
</BODY> </HTML>
```

运行结果如图 4 - 11 所示。

图 4 - 11　E411. html 的运行结果

（2）switch 语句

语法：switch(表达式)

　　{

　　　　case 值 1：语句体 1；break；

　　　　⋮

case 值 n:语句体 n;break;

default:语句体 n+1;

}

实验内容:使用 switch 语句,程序名称:E412.html

```
<HTML> <BODY>
<SCRIPT LANGUAGE= "JScript">
    var val="";
    var i=5;
    switch(i)
    {
        case 3:
            val="三";break;
        case 4:
            val="四";break;
        case 5:
            val="五";break;
        default:
            val="不知道";
    }
    document.write(val);
</SCRIPT>
</BODY> </HTML>
```

运行结果如图 4-12 所示。

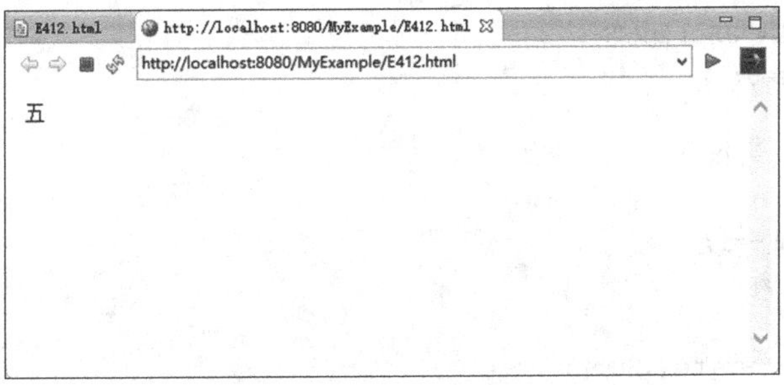

图 4-12 E412.html 的运行结果

2) 循环语句

(1) for 语句

语法:for(初始化语句;条件表达式;增值语句)

{语句体}

实验内容:使用 for 语句,程序名称 E413.html

```
<HTML> <BODY>
    <SCRIPT LANGUAGE="JScript">
        var iSum=0;
        for(var i =0; i <=100; i++ )
```

```
        {
            iSum +=i;
        }
        document.write(iSum);
    </SCRIPT>
</BODY> </HTML>
```

运行结果如图 4 - 13 所示。

图 4 - 13　E413. html 的运行结果

（2）while 语句

语法：while(条件表达式)

　　{语句体}

实验内容：使用 while 语句，程序名称 E414. html

```
<HTML> <BODY>
<SCRIPT LANGUAGE="JScript">
        var iSum=0;
        var i=0;
        while( i<=100 )
        {
            iSum +=i;
            i++ ;
        }
        document.write(iSum);
</SCRIPT>
</BODY> </HTML>
```

运行结果同样如图 4 - 13 所示。

（3）break 语句

break 语句的作用是结束当前循环。如在 E415. html 程序代码中，当变量 i 循环到 5 时，执行 break 语句，立即终止循环体的执行。

实验内容：使用 break 语句，程序名称 E415. html

```
<HTML> <BODY>
    <SCRIPT LANGUAGE="JScript">
        for(i =1; i<20; i++ )
        {
```

```
        if(i%5==0)
        {
            break;
        }
        document.write(i);
    }
    </SCRIPT>
</BODY> </HTML>
```

运行结果如图 4-14 所示。

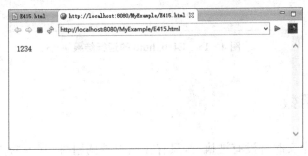

图 4 - 14　E415. html 的运行结果

（4）continue 语句

continue 语句的作用是结束当前这一次的循环，继续下一次循环。如在 E416. html 程序代码中，当变量 i 循环到 5 的倍数时，执行 continue 语句，结束本次循环中 continue 语句后面的语句的执行，跳到循环开始处，进入下一次循环。

实验内容：使用 continue 语句，程序名称 E416. html

```
<HTML> <BODY>
    <SCRIPT LANGUAGE="JScript">
        for(i=1; i<20; i++ )
        {
            if(i% 5==0)
            {
                continue;
            }
            document.write(i+"<BR>");
        }
    </SCRIPT>
</BODY> </HTML>
```

运行结果如图 4-15 所示。

图 4 - 15　E416. html 的运行结果

4.3　JScript 函数

JScript 函数在定义时并没有被执行,只有在函数被调用时,其中的代码才真正被执行。为了实现函数的定义和调用,JScript 语句提供了两个关键字:function 和 return。JScript 函数的基本语法如下:

function　函数名称(参数表)

{

语句块;

}

4.3.1　函数的定义和调用

实验内容:定义和调用函数,程序名称 E417. html

```
<HTML> <BODY>
<SCRIPT LANGUAGE="JScript">
    function getSqrt(iNum)
        {
            var iTemp=iNum*iNum;
            document.write(iTemp);
        }
</SCRIPT>
<SCRIPT LANGUAGE="JScript">
    getSqrt(8);
</SCRIPT>
</BODY> </HTML>
```

运行结果如图 4 - 16 所示。

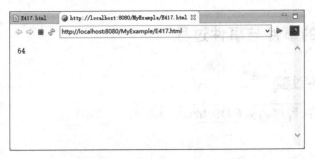

图 4 - 16　E417. html 的运行结果

4.3.2　函数的返回值

实验内容:返回函数值,程序名称 E418. html

```
<HTML> <BODY>
<SCRIPT LANGUAGE="JScript">
        function f(y)
        {
            var x=y*y;
            return x;
        }
</SCRIPT>
<SCRIPT LANGUAGE="JScript">
        for(x=0; x<10; x++ )
        {
            y=f(x);
            document.write(y);
            document.write("<BR>");
        }
</SCRIPT>
</BODY> </HTML>
```

运行结果如图 4 - 17 所示。

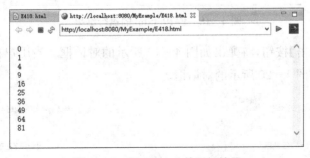

图 4 - 17　E418. html 的运行结果

4.4　JScript 的事件与事件过程

4.4.1　事件与事件过程

实验内容:使用事件,程序名称 E419.html

```
<HTML> <BODY>
<FORM>
  <input type="Button" value="单击" onClick="alert('单击了鼠标')">
</FORM>
<SELECT name="sel" onChange="func()">
  <option selected value="北京"> 北京</option>
  <option value="上海"> 上海</option>
  <option value="天津"> 天津</option>
</SELECT>
<SCRIPT language="JScript">
  function func()
    {
        alert("你选择了"+sel.value);
    }
</SCRIPT>
</BODY> </HTML>
```

运行结果如图 4 - 18 所示。

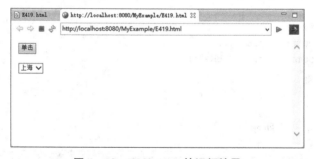

图 4 - 18　E419. html 的运行结果

当用户点击【单击】按钮,将弹出如图 4 - 19 所示的对话框。当用户在下拉列表框中作出选择时,将显示如图 4 - 20 所示的对话框。

图 4 - 19　点击【单击】按钮后弹出的对话框　　**图 4 - 20　选择下拉列表项后弹出的对话框**

从以上实验内容可以看出每一种操作都对应了一种事件过程,当事件发生时,其对应的事件过程被执行。常用事件及其对应的过程如表 4-1 所示。

表 4-1　JScript 常用事件与事件过程

事件	说明	事件过程
blur	对象失去当前输入焦点时发生	onBlur
change	对象内容被修改并失去焦点时发生	onChange
click	单击鼠标时发生	onClick
dblclick	双击鼠标时发生	onDblClick
error	当载入窗口、框架、图像发生错误时发生	onError
focus	对象获得焦点时发生	onFocus
mouseMove	鼠标在对象上移动时发生	onMouseMove
mouseOver	鼠标移入对象上方时发生	onMouseOver
move	移动窗口或框架时发生	onMove
reset	重置表单时发生	onReset
resize	改变窗口、框架的尺寸时发生	onResize
select	对象文本被选中时发生	onSelect
submit	提交表单时发生	onSubmit
load	加载窗口、框架时发生	onLoad
unload	卸载窗口、框架时发生	onUnload

4.4.2　对象层次及 DOM 模型

浏览器 window 对象和属性具有如图 4-21 所示的层次关系,其中 document 为文档对象,history 为历史对象,location 为位置属性。

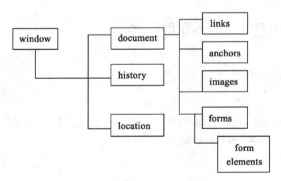

图 4-21　浏览器对象的层次关系图

DOM(Document Object Model)是文档对象模型的缩写,其提供了文档的定位模型。DOM 引用对象的语法如下:

引用对象.属性|方法

实验内容:引用对象,程序名称 E420.html

```
<HTML> <HEAD>
    <SCRIPT LANGUAGE="JScript">
        function do_Copy()
        {
            var str=frm1.txtBox1.value;
            frm2.txtBox2.value=str;
        }
    </SCRIPT> </HEAD>
<BODY>
    <FORM NAME="frm1">
        <INPUT TYPE="TEXT" NAME="txtBox1" >
        <INPUT TYPE="BUTTON" VALUE="复制" ONCLICK="do_Copy()">
    </FORM>
    <FORM NAME="frm2">
        <INPUT TYPE="TEXT" NAME="txtBox2">
</FORM> </BODY></HTML>
```

运行结果如图 4 - 22 所示。

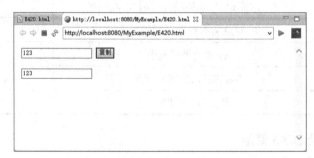

图 4 - 22　E420. html 的运行结果

(1) window 对象

实验内容:使用 window 对象,程序名称 E421. html

```
<HTML> <HEAD>
<SCRIPT LANGUAGE="JScript">
  function new_win()
  {
      window.open("E41.html","my","toolbar=no, left=150, top=200, menubar=no,
                width=150,height= 150");
  }
</SCRIPT>
</HEAD>
<BODY onload="new_win()">
</BODY></HTML>
```

运行结果如图 4 - 23 所示。

图 4 - 23　E421. html 的运行结果

（2）location 属性

实验内容：使用 location 属性，程序名称 E422. html

```
<HTML> <HEAD>
<SCRIPT LANGUAGE="JavaScript">
  function test_location()
  {
      window.location="E41.html";
  }
</SCRIPT>
</HEAD>
<BODY>
    <FORM NAME="frm">
    <INPUT TYPE="BUTTON" VALUE="超级链接" ONCLICK="test_location()">
    </FORM>
</BODY> </HTML>
```

运行结果如图 4 - 24 所示。点击【超级链接】按钮，将打开 E41. html 页面。

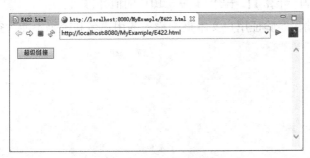

图 4 - 24　E422. html 的运行结果

（3）history 对象

实验内容：使用 history 对象，程序名称 E423. html

```
<HTML> <BODY>
<FORM NAME="frm">
    <INPUT TYPE="BUTTON" VALUE="后退" ONCLICK="goback()">
    <INPUT TYPE="BUTTON" VALUE="前进" ONCLICK="goforward()">
</FORM>
```

```
<SCRIPT LANGUAGE="JScript">
  function goforward()
  {history.go(1);}
  function goback()
  {history.go(-1);}
</SCRIPT>
</BODY> </HTML>
```

运行结果如图 4 - 25 所示。若从别的页面访问至该页面,可以点击【后退】按钮返回至前一个页面,若要从前一个页面访问后面的页面,则可以点击【前进】按钮前进。

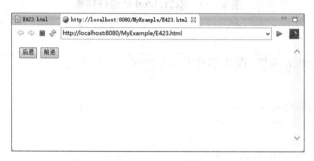

图 4 - 25   E423. html 的运行结果

4.5   实践练习

(1) 用 1~100 之间的随机整数生成 3 行 4 列的二维数组,并找出数组中的最大值和最小值。

(2) 通过脚本程序计算 1! ＋2! ＋…＋10! 的值并输出。

(3) 通过客户端程序验证用户文本框中输入的用户名和密码不能为空。

第5章 Java 程序基础

通过本章内容的学习,使读者掌握 Java 的基本语法和面向对象编程的基本概念以及 Java 应用程序的核心技术,为后面章节的学习打下基础。

学习目标:

(1) 掌握 Java 语言的基础知识。

(2) 掌握 Java 面向对象编程的基本概念以及类与对象的使用。

(3) 掌握在 Java 中如何实现异常处理,以维护程序的健壮性。

5.1 Java 语言简介

Java 是 Sun 公司开发的完全面向对象的编程语言,通过在操作系统中安装 Java 运行环境(即 JVM),由 JVM 读取并处理经编译生成的字节码(.class)文件,实现代码在特定的操作系统平台上运行。Java 程序的运行原理如图 5-1 所示。

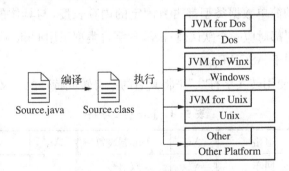

图 5-1 Java 程序的运行原理

5.2 Java 语言基础

5.2.1 标识符与注释

Java 语言标识符的组成规则为:必须以字母、下划线(_)或美元符号($)开头,后面可以跟任意数目的字母、数字、下划线(_)或美元符号($)。标识符的长度没有限制。

在定义和使用标识符时需要注意 Java 语言是大小写敏感的。比如,hello 和 Hello 是两个不同的标识符。另外,标识符的命名应遵循 Java 编码惯例,并且应使标识符能从字面上反映出它所代表的变量或类型的用途。

Java 语言提供三种类型的注释：

（1）单行注释：以 // 开始，并以换行符结束。

（2）多行注释：以 /* 开始，并以 */ 结束。

（3）文档注释：以 /** 开始，并以 **/ 结束。

5.2.2　数据类型

Java 语言的数据类型总体上分为简单数据类型和引用数据类型，提供 7 大类数据类型，如图 5-2 所示。

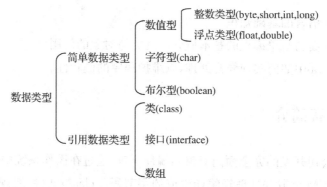

图 5-2　Java 语言的数据类型

注意：Java 语言的简单数据类型都占有固定的内存长度，与具体的软硬件平台环境无关；每种简单数据类型都对应一个默认值；Java 的字符类型采用 Unicode 编码，每个 Unicode 码占用 2 个字节，不同于 ASCII 码。

Java 语言还允许使用转义字符"\"来将其后的字符转成特殊的含义，如表 5-1 所示。

表 5-1　Java 转义字符

\b	退格	\t	Tab 制表符	\n	换行
\r	回车	\"	双引号	\'	单引号
\\	反斜线				

1）简单数据类型

实验内容：使用 Java 的简单数据类型，程序名称 Sjlx. java

```
public class Sjlx{
    public static void main (String args []) {
        boolean b=true;      //声明 boolean 型变量并赋值
        int x, y=8;          //声明 int 型变量
        float f=4.5f;        //声明 float 型变量并赋值
        double d=3.1415;     //声明 double 型变量并赋值
        char c;              //声明 char 型变量
```

```
        c='x';                //为 char 型变量赋值
        x=12;                 //为 int 型变量赋值
        System.out.print(c+"\n");
        char z='中';
        System.out.print(z);
    }
}
```

运行结果如图 5 - 3 所示。

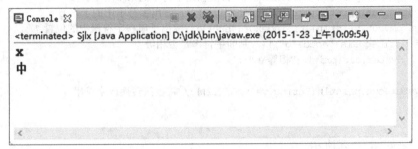

图 5 - 3　Sjlx. java 在 Eclipse 控制台中的输出结果

2) 引用数据类型

Java 语言中除 8 种基本数据类型以外的数据类型称为引用数据类型,也叫做复合数据类型,下面分别通过实例介绍几种引用数据类型。

(1) 数组的使用

实验内容:使用 Java 数组,程序名称 Sz. java

```
publicclass Sz{
    public static void main(String args[]){
        int[] s;
        s=new int[10];
        for ( int i=0; i<s.length; i++ ) {
            s[i]=2*i+1;
            System.out.println(s[i]);
        }
    }
}
```

运行结果如图 5 - 4 所示。

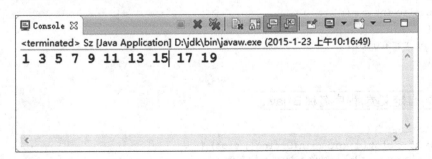

图 5 - 4　Sz. java 在 Eclipse 控制台中的输出结果

（2）字符串的使用

实验内容：使用 Java 字符串，程序名称 Zfc.java

```java
public class Zfc{
public static void main(String argv[]){
    String str="abcdefg";//或 String str=new String("abcdefg");,这是创建类的方法
    System.out.println(str.length());//输出字符串的长度 7
    System.out.println(str.charAt(2));//输出字符串的第 3 个字符 c
    System.out.println(str.substring(1, 2));//输出字符串中的子串 b
    System.out.println(str.indexOf("bc"));//输出子串在字符串中的位置 1
    if ( str.equals("abcdefg")){//判断字符串是否相等
        System.out.print ("相等\n");
    }
    System.out.println(String.valueOf(12));//将数值转换成字符串
}
}
```

运行结果如图 5 - 5 所示。

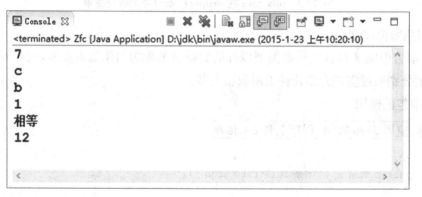

图 5 - 5　Zfc.java 在 Eclipse 控制台中的输出结果

（3）自定义类

实验内容：自定义类，程序名称 A.java

```java
public class A {
    int a;
    int b;
    public int sum()
    {
        return a+b;
    }
}
```

实验内容：自定义类，程序名称 B.java

```java
public class B {
    public static void main(String[] args) {
        A t=new A();//对象 t 是类 A 的实例
        t.a=10;
```

```
        t.b=20;
        System.out.println(t.sum());
    }
}
```

运行结果如图 5-6 所示。注意:A 是类,没有 main()方法,不能作为应用程序直接运行,而类 B 是包含了 main()方法的应用程序,并在 main()方法中实现了对类 A 的引用。

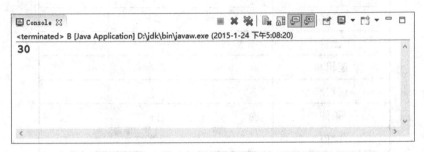

图 5-6 B.java 在 Eclipse 控制台中的输出结果

这里只是为了让大家对类作为一种数据类型有一个初步了解,在后面介绍面向对象程序设计时将有更深入的讲解。

5.2.3 运算符

按照运算符的功能来划分,Java 语言中的常用运算符可分为下述几类:算术运算符、关系运算符、比较运算符、逻辑运算符、赋值运算符和字符串连接运算符等,按照优先级由高到低排列如表 5-2 所示。

(1) 算术运算符包括:+、-、*、/、%、++和--,分别实现通常的加、减、乘、除、取模(求余)、改变符号、自增和自减等算术运算。

(2) 关系/比较运算符包括:>、<、>=、<=、==和!=,用来对两个操作数进行比较运算,所组成的表达式的结果为 true 或 false。

(3) 逻辑运算符包括:!、&&和||,分别实现逻辑非、逻辑与和逻辑或运算。与关系运算一样,逻辑运算的结果也是 true 或 false。

(4) 赋值运算符包括:=、运算符=,实现对变量的赋值,后一种为扩展的赋值运算符,如:"a=a 运算符 b;"可以简写为"a 运算符=b;"。

(5) 条件运算符:条件表达式的语法为(条件)? A:B,表示如果条件为真,则取 A 的值,否则取 B 的值。

Java 运算符的优先级从总体上来说,算术运算符优于关系/比较运算符,关系/比较运算符优于逻辑运算符,逻辑运算符优于条件运算符,条件运算符优于赋值运算符。

表 5-2　Java 运算符优先级

描述	运算符
一元运算符	!、++、--
乘、除、取模	*、/、%
加、减	+、-
关系	>、<、>=、<=
比较	==、!=
逻辑与	&&
逻辑或	||
条件	?:
赋值	=、运算符=

5.2.4　流程控制语句

和 C 语系下的其他语言一样，Java 支持下列控制结构：选择、循环和跳转，使用方法和 JavaScript 中的一致。

(1) 选择结构：包括 if...else、switch 语句。

(2) 循环结构：包括 while、do...while、for 语句。

(3) 跳转结构：包括 break、continue 语句。

实验内容：使用 if 语句，程序名称 IFExample.java

```java
public class IfExample{
    public static void main(String args[]){
        int iHour=13;
        if (iHour<12)
        {
            System.out.println("早上好!");
        }
        else
        {
            System.out.println("下午好!");
        }
    }
}
```

运行结果如图 5-7 所示。

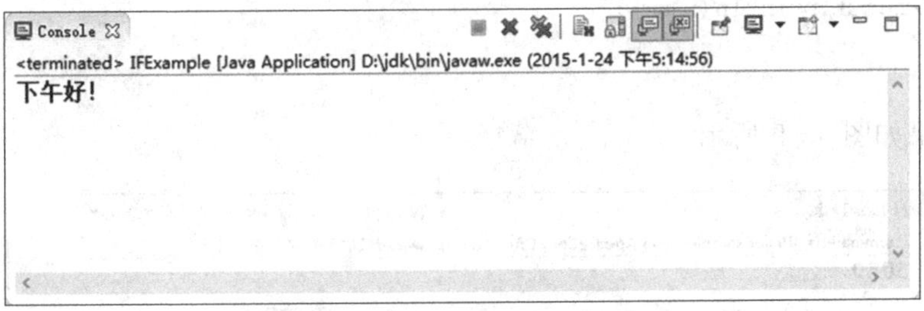

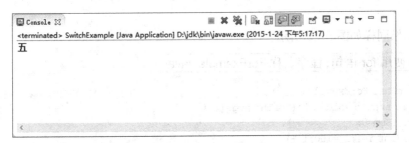

图 5 - 7　IFExample. java 在 Eclipse 控制台中的输出结果

实验内容:使用 switch 语句,程序名称 SwitchExample. java

```java
public class SwitchExample{
  public static void main(String args[]){
    String val="";
    int i=5;
    switch(i)
    {
        case 3:val="三";break;
        case 4:val="四";break;
        case 5:val="五";break;
        default:val="不知道";
    }
    System.out.println(val);
  }
}
```

运行结果如图 5 - 8 所示。

图 5 - 8　SwitchExample. java 在 Eclipse 控制台中的输出结果

实验内容:使用 while 语句,程序名称 WhileExample. java

```java
public class WhileExample{
  public static void main(String args[]){
    int iSum=0;
    int i=0;
    while(i<=100)
    {
        iSum+=i;
        i++;
    }
```

```
    System.out.println(iSum);
  }
}
```

运行结果如图 5 - 9 所示。

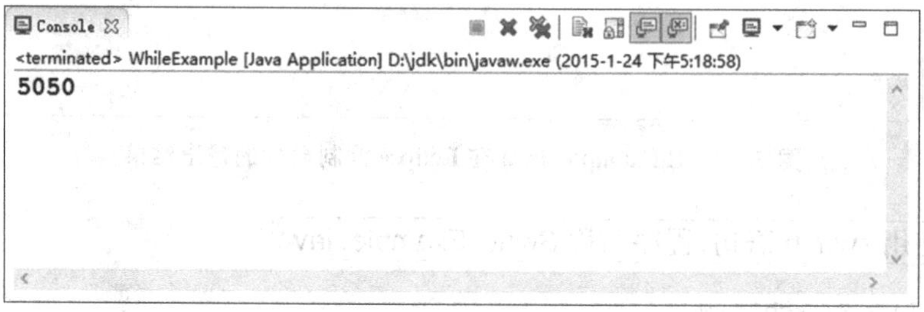

图 5 - 9　WhileExample. java 在 Eclipse 控制台中的输出结果

实验内容:使用 do... while 语句,程序名称 DoWhileExample. java

```
public class DoWhileExample{
  public static void main(String args[]){
    int iSum=0;
    int i=0;
    do
    {
        iSum+=i;
        i++;
    }while(i<=100);
    System.out.println(iSum);
  }
}
```

运行结果同样如图 5 - 9 所示。

实验内容:使用 for 语句,程序名称 ForExample. java

```
public class ForExample{
  public static void main(String args[]){
    int iSum=0;
    for(int i=1;i<=100;i++)
    {
        iSum+=i;
    }
    System.out.println(iSum);
  }
}
```

运行结果同样如图 5 - 9 所示。

实验内容:使用 break 语句,程序名称 BreakExample. java

```
public class BreakExample{
  public static void main(String args[]){
    for(int i=1; i<20; i++)
```

```
{     if(i%5==0)
      { break;}
System.out.println(i);
   }
 }
}
```

运行结果如图 5 - 10 所示。

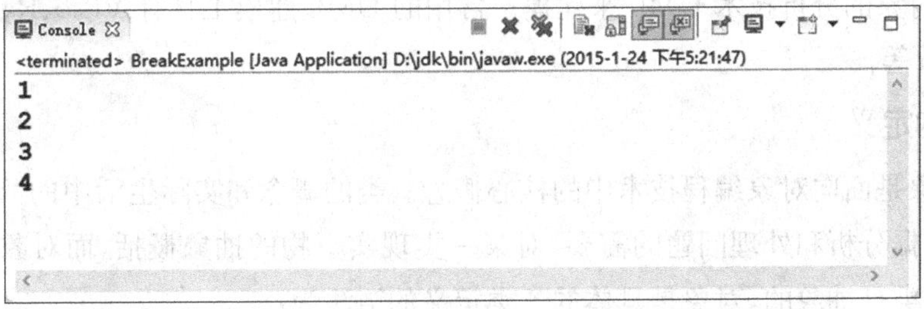

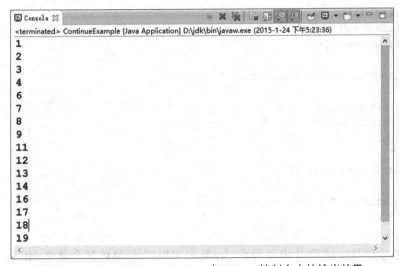

图 5 - 10　BreakExample. java 在 Eclipse 控制台中的输出结果

实验内容:使用 continue 语句,程序名称 ContinueExample. java

```
public class ContinueExample{
  public static void main(String args[]){
    for(int i=1; i<20; i++ )
       {     if(i%5==0)
            {
                continue;
            }
       System.out.println(i);
       }
   }
}
```

运行结果如图 5 - 11 所示。

图 5 - 11　ContinueExample. java 在 Eclipse 控制台中的输出结果

5.3 Java 面向对象编程

采用面向对象的编程技术正逐渐成为当今计算机软件开发的主要趋势,面向对象的技术是基于一种先进且高效的分析、描述和处理问题的思想。目前,面向对象设计框图广泛采用基于面向对象的分析技术 UML 来建模。常用的 UML 建模工具有 Visio、Rational Rose、PowerDesign 等。

5.3.1 类的定义

类和对象是面向对象编程技术中的核心概念。类的概念和实际生活中的"事物种类"完全一致,是根据分析和处理问题的需要,对某一类现实事物的抽象概括,而对象则是类的具体实例,所以类是抽象的,对象是具体的。类定义的语法为:

［访问修饰符］class　类名{

　　［修饰符］成员变量 1;

　　［修饰符］成员变量 2;

　　　⋮

　　［修饰符］返回值类型 成员方法 1(参数){};

　　［修饰符］返回值类型 成员方法 2(参数){};

　　　⋮

　　}

实验内容:定义类,程序名称 Student. java

```
public class Student{
    private String xm;
    private String xb;
    private int nl;
    public Student()
    {}
    public Student(String xm,String xb,int nl)
    {
        this.xm=xm;
        this.xb=xb;
        this.nl=nl;
    }
    public String getAll()
    {
        return xm+" "+xb+" "+nl;
    }
}
```

在讨论学生信息时,把学生定义为类(Student)来描述,而具体某个学生,如"张三",就是该类事物的实际存在的个体,称为对象,两者的关系可采用 UML 工具描述如图 5-12 所示。

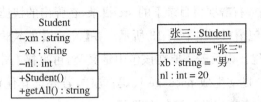

图 5－12　类与对象的关系图

5.3.2　构造方法

我们注意到 Student 类中有两个方法与类同名,而且没有返回值类型,它就是类的构造方法,其功能是用类创建对象时进行初始化,如下所示:

Student st＝new Student("张三","男",20);

如果没有定义构造方法,Java 系统会自动提供一个默认的构造方法,把所有成员变量初始化为该数据类型的默认值,这时创建对象如下:

Student st＝new Student();

5.3.3　类的包装与导入

包(package)是由一组类(class)和接口(interface)组成的,它是管理大型项目文件分类的有效工具。包由 package 语句定义,放在文件的开头,语法如下:

package 包名;

编译后的.class 文件存入指定的包中(在 Windows 系统中会生成一个目录),为了引用包中的类,需要使用 import 语句导入包中的类,放在 package 语句(如果有)和类定义语句之间。导入包中的类的语法如下:

import 包名.类名;

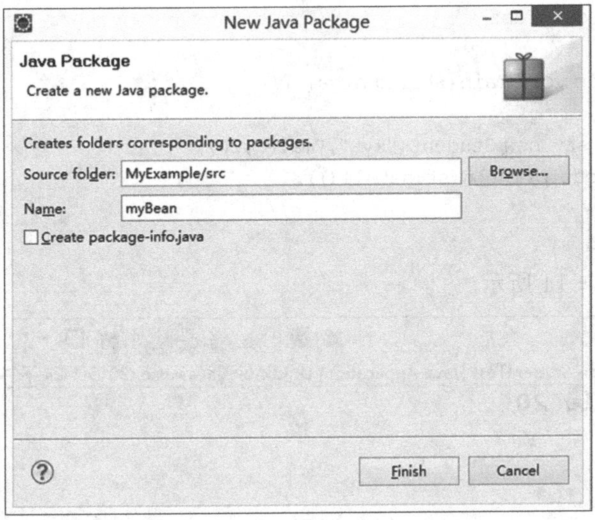

图 5－13　创建包窗口

在 Eclipse 主界面中,右击项目目录下的 src 目录,在弹出的快捷菜单中依次选择【New】→【Package】,打开创建包窗口,如图 5 - 13 所示。在【Name】文本框中输入包名,单击【Finish】按钮即完成包的创建。以后若需要在该包中定义类,可直接右击包名,然后在快捷菜单中选择新建文件即可,会自动生成 package 代码;同样,若要把其他包中已经定义的类放入该包中,选中该类文件并直接拖动到该包中即可。

实验内容:使用 package,程序名称 Student. java

```java
packagemyBean;
public class Student{
    private String xm;
    private String xb;
    private int nl;
    public Student()
    {}
    public Student(String xm,String xb,int nl)
    {
        this.xm=xm;
        this.xb=xb;
        this.nl=nl;
    }
    public String getAll()
    {
        return xm+" "+xb+ " "+nl;
    }
}
```

实验内容:使用 import,程序名称 StudentTest. java

```java
//本程序放于默认包中,因此需要导入 myBean 中的 Student 类,才能引用它
import myBean.Student;
public class StudentTest
{
    public static void main(String args[])
    {
        Student st= new Student("xyz","male",20);
        System.out.println(st.getAll());
    }
}
```

运行结果如图 5 - 14 所示。

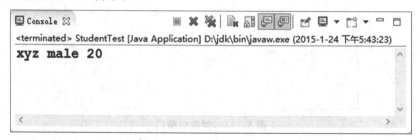

图 5 - 14 StudentTest. java 在 Eclipse 控制台中的输出结果

5.3.4　类的继承

面向对象编程最重要的特色之一就是能够使用以前创建的类的方法和属性。通过简单的类来创建功能强大的类,从而实现组件模型的重复使用,大幅节省编码时间,减少代码出错的机会,这就是继承。继承得到的类称为子类,所继承的类为父类,子类继承父类的状态和行为,同时也可以修改父类的状态或重写父类的行为,并添加新的状态和行为。Java 类使用的是单重继承,继承的语法如下:

```
class 子类 extends 父类{
    ⋮
}
```

实验内容:类的继承,程序名称 CollegeStudent.java

```
packagemyBean;
public class CollegeStudent extends Student{
    private String college;
    public CollegeStudent()
    {}
    public CollegeStudent(String xm,String xb,int nl,String college)
    {
        super(xm,xb,nl);
        this.college=college;
    }
    public String getAll()
    {
        return super.getAll()+" "+college;
    }
}
```

5.3.5　访问修饰符

Java 语言为对类中的属性和方法进行有效的访问控制,将它们分为 4 个等级:private、default、protected 和 public。其中,private、protected、public 均为关键字,在声明时标明该属性或方法的访问控制等级;如果什么都不加,则默认为 default。

(1) private:由其定义的属性和方法只能在其所在类的内部使用。

(2) default:即不加访问控制修饰符,可以在其所在类的内部和同一个包中的其他类中使用。

(3) protected:由其定义的属性和方法可以在其所在类的内部、同一个包中的其他类中以及位于不同包的子类中被访问。

(4) public:由其定义的属性和方法可以在任何地方被访问。但要注意:时刻保持类中数据的私有性,是面向对象封装性的要求。

5.3.6　方法的重写

在继承结构中,子类通常会根据需要对父类的方法进行改造,称为方法的重写。如

Student 类中定义的 getAll()方法在其子类 CollegeStudent 中进行了重写。

5.3.7 方法的重载

若方法的名称相同,方法的参数列表不同,则调用该方法时通常会根据参数的不同而决定调用相应的方法,称为方法的重载。例如类的构造方法通常有多个,用的就是重载技术。

5.3.8 super 和 this 关键字

关键字 super 表示对父类的引用,如在 CollegeStudent. getAll()方法中调用父类的 Student. getAll()方法,可使用:super. getAll()。

5.3.9 static 关键字

用 static 修饰的变量和方法称为静态变量和静态方法,这些变量和方法在内存中仅此一份,为类和所有对象所共享。

实验内容:使用 static 关键字,程序名称 StaticExample. java

```
class StaticExample{
    int id=0;
    static int total=0;
    public void setId(int id)
    {
        this.id=id;
    }
    public void setTotal(int total)
    {
        this.total=total;
    }
}
```

实验内容:使用 static 关键字,程序名称 StaticExampleTest. java

```
class StaticExampleTest{
    public static void main(String args[]){
        StaticExample se1=new StaticExample();
        se1.setId(10);
        se1.setTotal(100);
        System.out.println(se1.id+" "+se1.total);
        StaticExample se2= new StaticExample();
        se2.setId(20);
        se2.setTotal(200);
        System.out.println(se1.id+" "+se1.total);
//对象 se1 的 satic 变量 total 被改变,而 id 未发生改变
        System.out.println(se2.id+" "+se2.total);
    }
}
```

运行结果如图 5-15 所示。

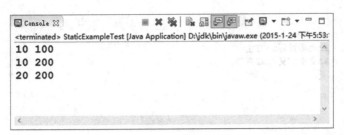

图 5 - 15　**StaticExampleTest. java 在 Eclipse 控制台中的输出结果**

5.3.10　final 关键字

在 Java 中声明类、属性和方法时,可使用 final 关键字来修饰。final 所修饰的内容具有"最终"的特性,其具体规定如下:

(1) final 标记的类不能被继承。

(2) final 标记的方法不能被重写。

(3) final 标记的变量即常量,不能再次被赋值。

5.3.11　abstract 关键字

对于那些只需声明而不需要实现的方法,可以将其声明为抽象方法,用 abstract 关键字来修饰。抽象方法没有方法体。

用 abstract 关键字来修饰的类叫做抽象类,含有抽象方法的类必须被声明为抽象类。抽象类不能被实例化,因此抽象类只能在继承中发挥作用,抽象方法也只能在被重写后由子类对象调用。

实验内容:使用 abstract 关键字,程序名称 AbstractExample. java

```
abstract class Aa{    //定义抽象类 Aa
    abstract void m1();//定义抽象方法 m1
    public void m2(){
        System.out.println("Aa 类中定义的 m2 方法");
    }
}
class Bb extends Aa{    //类 Bb 继承 Aa 并对方法 m1 进行重写
    void m1(){
        System.out.println("Bb 类中重写 m1 方法");
    }
}
publicclass AbstractExample{
    public static void main( String args[ ]){
        Aa c=new Bb(); //声明对象可用抽象类,但创建对象必须用可实现类,而不能用抽象类
        c.m1();
        c.m2();
    }
}
```

运行结果如图 5 - 16 所示。

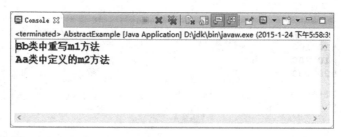

图 5 - 16 AbstractExample. java 在 Eclipse 控制台中的输出结果

5.3.12 接口

接口是抽象方法和常量的集合。接口和抽象类有区别,抽象类中的方法可以包含实现的和未实现的方法,而且可以定义变量;但接口中的方法必须全部是未实现的,且不能定义变量。接口的语法如下:

[修饰符] interface 接口名 [extends 多个父接口]

{

　　定义常量;

　　　⋮

　　定义抽象方法;

　　　⋮

}

可以看出,在 Java 中,接口可以实现多重继承,而类只能实现单重继承。接口定义好了,需要通过类来实现它,语法如下:

[修饰符] class 类名 implements 接口列表

{

　　　⋮

}

实验内容:使用接口,程序名称 InterfaceExample. java

```
interface Shape{
//定义接口 Shape,具体什么形状由类继承实现,不同形状的面积计算方法不同,所以这里定义的方
法是抽象的
    abstract double getArea();
}
class Rectangle implements Shape{      //定义矩形类
    double width;
    double height;
    public Rectangle(double w,double h)
    {
        width=w;
        height=h;
```

```
    }
    public double getArea()     //重写 getArea(),求得矩形的面积
    {
        return width*height;
    }
}
class Circle implements Shape{        //定义圆形类
    double r;
    public Circle(double r)
    {
        this.r=r;
    }
    public double getArea()     //重写 getArea(),求得圆形的面积
    {
        return 3.142*r*r;
    }
}
publicclass InterfaceTest{
    public static void main(String args[]){
        Shape rec=new Rectangle(4,6);    //可用接口来声明对象,但创建对象必须用可实现类
        Shape c=new Circle(3);
        System.out.println(rec.getArea());
        System.out.println(c.getArea());
    }
}
```

运行结果如图 5-17 所示。

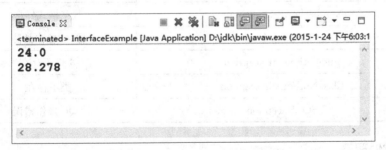

图 5-17　InterfaceExample. java 在 Eclipse 控制台中的输出结果

5.3.13　Java 文件的层次结构

在 Java 源文件结构的层次上有如下一些特殊的规定:

package 语句　　　　//0 或 1 个,必须放在文件开始

import 语句　　　　　//0 或多个,必须放在所有类定义之前

public classDefinition //0 或 1 个,定义公有类,类名同文件名

classDefinition　　　//0 或多个,定义普通类

interfaceDefinition　//0 或多个,定义接口

5.4 异常处理

5.4.1 异常处理概述

一个程序除了按照用户需要实现所规定的功能外,还有可能在运行过程中发生各种异常事件,例如除以 0 错误、数组越界、文件找不到等,如表 5-3 所示。这些事件的发生将阻止程序的正常运行,为了加强程序的健壮性,设计程序时必须考虑到可能发生的异常事件并做出相应的处理。

Java 中的异常可分为两大类:

(1) 错误(Error):JVM 系统内部错误、资源耗尽等严重情况。这类错误一般被认为是无法恢复和不可捕获的,将导致应用程序中断。

(2) 违例(Exception):其他因编程错误或偶然的外在因素导致的一般性问题,例如对负数开平方根、除以 0 错误、数组越界、文件找不到、网络连接中断等。这类异常可以被用户捕获而且可恢复,用户能处理的异常通常指的就是这类异常。

表 5-3 Java 中的常用异常

异常	引起的原因
ArithmeticException	算术运算,如除以 0 错误
ArrayIndexOutOfBoundsException	数组下标越界
NumberFormatException	数字格式异常
IOException	输入/输出故障
FileNotFoundException	文件不存在
ClassNotFoundException	类不存在
SQLException	SQL 操作错误

5.4.2 异常处理

Java 在程序执行过程中出现异常情况,会向系统抛出一个异常对象,从而可以将之捕获,做出相应的处理。语法:

```
try
{
//可能发生的异常语句,当异常发生时,终止其后语句的执行,跳到异常处理语句块
}
catch(Exceptiontype1 e1)
{
```

```
        //对异常类型 1 的处理
    }
catch(Exceptiontype2 e2)
{
        //对异常类型 2 的处理
    }
finally
{
        //不管异常是否发生,都要执行的语句
    }
```

其中,catch 语句可以有一个或多个,而 finally 语句可以没有。

实验内容:使用异常,程序名称 ExceptionExample. java

```java
publicclass ExceptionExample{
    public static void main(String args[]){
        try
        {
            int x=Integer.parseInt(args[0]);
            System.out.println(5/x);
        }
        catch(ArrayIndexOutOfBoundsException e1)
        { //处理用户运行时未输入参数的异常
            System.out.println("请输入参数!");
        }
        catch(ArithmeticException e2)
            { //处理用户运行时输入参数为 0 的异常
        System.out.println("参数不能为 0!");
        }
        finally
        {
            System.out.println("程序执行结束!");
        }
    }
}
```

程序运行时,可通过在 Eclipse 主界面的菜单栏中依次点击【Run】→【Run Cofigura-tion...】选项,打开如图 5-18 所示的窗口。当你运行该程序时,在【Program arguments:】文本框中分别设定三种情景:未输入参数、输入参数为 0、输入参数为 5,然后点击【Run】按钮,观察程序的运行结果。

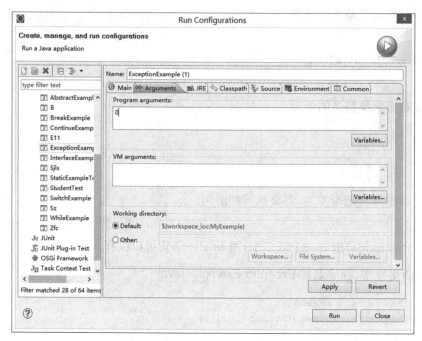

图 5 - 18 【Run Configurations】窗口

如果在一个方法中生成了一个异常,但是这一方法并不知道该如何对这一异常事件进行处理,可以在定义该方法时声明抛出异常,交给 Java 虚拟机来处理。如图 5 - 19 所示,在对文件进行操作时可能出现文件找不到或读写异常,编译器要求必须对该语句段进行处理,否则编译不能通过,无法运行。

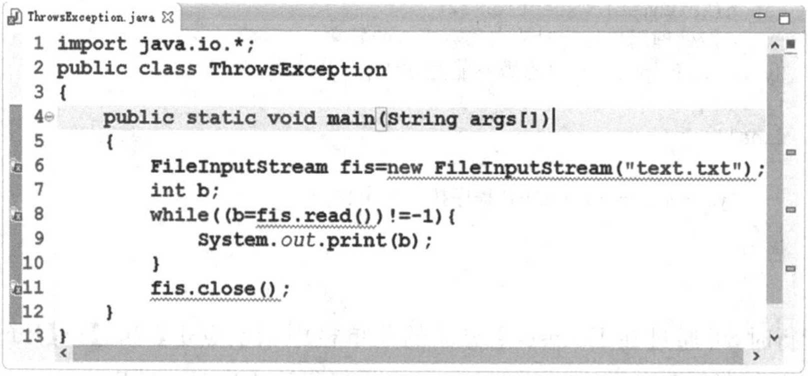

```java
import java.io.*;
public class ThrowsException
{
    public static void main(String args[])
    {
        FileInputStream fis=new FileInputStream("text.txt");
        int b;
        while((b=fis.read())!=-1){
            System.out.print(b);
        }
        fis.close();
    }
}
```

图 5 - 19 代码编辑窗口

但此时,假设开发者并不知道会抛出什么异常,也无需对此进行处理,就可以在 main() 方法后声明抛出异常,交由 Java 虚拟机处理。修改后的代码如图 5 - 20 所示,程序编译通过就可运行了。

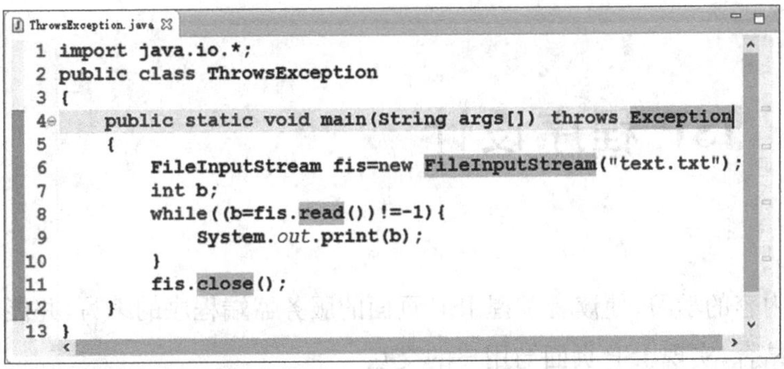

```
ThrowsException.java ☒
 1 import java.io.*;
 2 public class ThrowsException
 3 {
 4     public static void main(String args[]) throws Exception
 5     {
 6         FileInputStream fis=new FileInputStream("text.txt");
 7         int b;
 8         while((b=fis.read())!=-1){
 9             System.out.print(b);
10         }
11         fis.close();
12     }
13 }
```

图 5-20　修改后的代码编辑窗口

5.5　实践练习

（1）创建图书类，包含书名、书号、作者、出版社、出版日期、价格，并实现图书信息的输出。

（2）给个人创建银行账号，并实现对个人账号的存款、取款和查询功能。

第6章 JSP 程序设计

通过本章内容的学习,使读者掌握 JSP 页面的服务器端程序的编写,并能够通过客户端和服务器端的结合,实现 JSP 页面与用户的交互。

学习目标:

(1) 掌握 JSP 的页面结构。

(2) 掌握 JSP 的编译指令、操作指令的使用。

(3) 掌握 JSP 常用内置对象的使用。

6.1 JSP 页面结构

一个 JSP 页面主要包含三种元素:编译指令、操作指令和 JSP 代码。

编译指令告诉 JSP 的解释引擎(比如 Tomcat)需要在编译时做什么动作,如引入一个其他的类,设置 JSP 页面使用什么语言编码等。

操作指令则是在 JSP 页面被请求时能够动态执行,如可以根据某个条件动态跳转到另外一个页面。

JSP 代码指的就是用户嵌入在 JSP 页面中的 Java 代码,这又分为两种:一种是 JSP 页面中一些变量和方法的声明,在声明时使用"＜％!"和"％＞"标记;另外一种就是常用到的用"＜％"和"％＞"标记包含的 JSP 代码块。

6.2 编译指令

6.2.1 page 指令

page 指令是针对当前页面的指令。page 指令由"＜％@"和"％＞"字符串构成的标记来指定。例如:＜％@ page import＝"java. sql. ＊"％＞指令告诉 JSP 容器将 java. sql 包中的所有类都引入当前的 JSP 页面。

常用的 page 指令的属性有:language、import、contentType。

(1) language 设置 JSP 页面中用到的语言,默认值为"Java",也是目前唯一有效的设定值。使用的语法是:＜％@ page language＝"java"％＞。

(2) import 用来设置当前 JSP 页面中要用到的 Java 类,这些 Java 类可能是 Sun JDK 中的类,也可能是用户定义的类。例如:$<\%@$page import＝"java. sql. * ,java. util. * "$\%>$。

有些类在默认情况下已经被加入到当前 JSP 页面,因而不需要特殊声明,包括:java. lang. * 、java. servlet. * 、java. servlet. jsp. * 和 java. servlet. http. * 等。

(3) contentType 用来设置 JSP 页面的文档类型和编码格式。例如:$<\%@$ page contentType＝"text/html;charset＝UTF$-$8"$\%>$。

6.2.2　include 指令

include 指令用来指定怎样把另一个文件包含到当前的 JSP 页面中,这个文件可以是普通的文本文件,也可以是一个 JSP 页面。例如:$<\%@$ include file＝"logo. htm"$\%>$。

实验内容:使用 include 指令,程序名称 E61. jsp

```
<%@  page contentType="text/html;charset=UTF-8"%>
<html>
<head> <title> include 示例</title> </head>
<body>
  <font color="blue">
    现在日期是:<br>
    <%@include file="E62.jsp" %>
  </font>
</body>
</html>
```

实验内容:引入的 JSP 页面,程序名称 E62. jsp

```
<%@  page contentType= "text/html;charset=UTF-8"%>
<%
  String s=new String("2015 年 1 月 14 日");
  out.print(s);
%>
```

E61. jsp 程序的运行结果如图 6 - 1 所示。

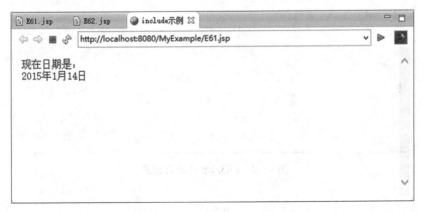

图 6 - 1　E61. jsp 的运行结果

6.3 操作指令

6.3.1 jsp:include 指令

jsp:include 指令用于在当前的 JSP 页面中引入另一个文件,功能同 include 指令,其语法是:<jsp:include page="logo. htm"/>。

6.3.2 jsp:forward 指令

jsp:forward 指令用于把当前的 JSP 页面转移到另一个页面,其语法是:<jsp:forward page="logo. htm"/>。

6.3.3 jsp:param 指令

jsp:param 指令用于在执行 jsp:forward 操作时传递参数,其语法是:<jsp:param name="id" value="value" />

实验内容:使用 forward 和 param 指令,程序名称 E63. jsp

```
<jsp:forward page="E64.jsp">
  <jsp:param name="x" value="hello"/>
  <jsp:param name="y" value="world"/>
</jsp:forward>
```

实验内容:JSP 页面,程序名称 E64. jsp

```
<%
  out.print(request.getParameter("x")+ request.getParameter("y"));
%>
```

E63. jsp 程序的运行结果如图 6-2 所示。

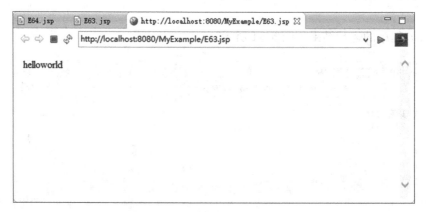

图 6-2　E63. jsp 的运行结果

6.4　JSP 代码

6.4.1　JSP 页面的变量和方法

在 JSP 页面被编译执行的时候，整个页面就是一个类，用<%!...%>声明的变量和方法为页面的成员变量和成员方法。这些变量和方法供所有用户共享,在服务器关闭之前一直有效,所以可以认为它们是供所有用户访问的全局变量和方法,因此任何一个用户的操作都会影响到其他用户。

实验内容:使用全局变量,程序名称 E65.jsp

```
<%@  page contentType="text/html;charset=UTF-8"%>
<%! int i=0; %>
您是第
<%   i++ ;
     out.print(i);
%> 位访问者
```

程序的运行结果如图 6-3 所示。每点击刷新按钮一次,变量 i 的值加 1。

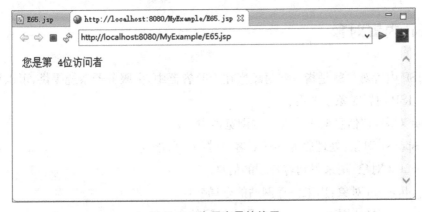

图 6-3　全局变量的使用

6.4.2　JSP 页面的代码块

可以在<%...%>之间插入 Java 代码块,一个 JSP 页面可以包含许多代码块,这些代码块被 JSP 服务器按照顺序执行。在一个代码块中声明的变量和方法是 JSP 页面的局部变量和方法,它们只在当前页面中有效,且不能被多个用户共享使用。

实验内容:使用局部变量,程序名称 E66.jsp

```
<%@  page contentType= "text/html;charset=UTF-8" %>
<% int i= 0; %>
您是第
<%
```

```
  i++ ;
  out.print(i);
%> 位访问者
```

程序的运行结果如图 6-4 所示。无论怎样点击刷新按钮,变量 i 的值始终为 1。

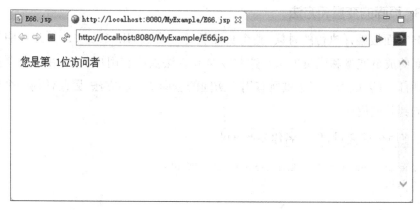

图 6-4 局部变量的使用

可以看到,该程序去掉了程序 E65. jsp 中的"!",这样变量就成了局部变量了。页面被执行时,该变量每次都被初始化为 0,所以不能用来计数,其值始终为 1。

6.5 JSP 内置对象

所谓 JSP 内置对象就是指这些对象嵌在 JSP 容器中,由服务器系统提供,可以被开发者直接使用。JSP 内置对象主要有:

(1) out 对象:把信息输出到客户端浏览器中。

(2) response 对象:处理服务器端对客户端的一些响应。

(3) request 对象:用来得到客户端的信息。

(4) application 对象:用来保存网站的全局变量。

(5) session 对象:用来保存供单个用户访问的全局信息。

6.5.1 out 对象

out 对象用来把信息输出到客户端浏览器中,其主要方法是 out. print()或 out. println()。

实验内容:使用 out 对象,程序名称 E67. jsp

```
<%@  page contentType="text/html;charset=UTF-8"%>
<%  out.print("hello world"); %>
```

如果<%...%>之间只有一条输出语句,可以用<%= %>代替输出。例如:<% out.print("hello world"); %> 可以替换为<% ="hello world" %> 。

6.5.2 response 对象

response 对象用来处理服务器端对客户端的一些响应,其主要方法是 response. sendRedirect(),实现跳转到任意一个地址的页面。

实验内容:使用 response 对象实现页面转向,程序名称 E68.jsp

```
<%@  page contentType="text/html;charset=UTF-8"%>
<%
  response.sendRedirect("E67.jsp");
%>
```

E68.jsp 程序的运行结果如图 6-5 所示。

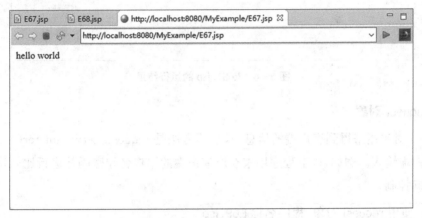

图 6-5　E68.jsp 的运行结果

这种方式的跳转和超级链接一样,可以将 session 对象带入另一页面中。例如,将 E67.jsp 和 E68.jsp 的代码做如下修改:

实验内容:使用 out 对象,程序名称 E671.jsp

```
<%@  page contentType="text/html;charset=UTF-8" %>
<% out.print(session.getAttribute("x")); %>
```

实验内容:使用 response 对象实现页面转向,程序名称 E681.jsp

```
<%@  page contentType="text/html;charset=UTF-8" %>
<%
  session.setAttribute("x","hello world");
  response.sendRedirect("E671.jsp");
%>
```

E681.jsp 程序的运行结果如图 6-6 所示。从图中可以看出,在 E681.jsp 中写入 session 对象 x 中的值"hello world"被 E671.jsp 获得,输出结果为"hello world"。

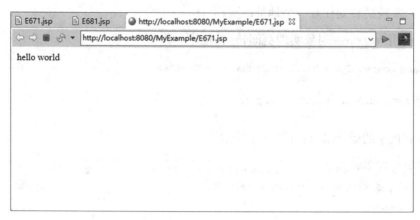

图 6 - 6 E681.jsp 的运行结果

6.5.3 request 对象

request 对象用来得到客户端的信息,其主要方法是 request. getParameter(),用于获取用户的客户端输入。例如,以下程序用来获取客户端的用户名和密码并进行比较验证,实现页面的访问控制。

实验内容:使用 request 对象,程序名称 E69.jsp

```
<%@ page contentType="text/html;charset=UTF-8" %>
<%
  Stringuser=null;
  Stringpass=null;
  user=request.getParameter("xm");
  pass=request.getParameter("mm");
  if (user!=null) {
    if (user.equals("xyz")&&pass.equals("123"))
        response.sendRedirect("E66.jsp");
    else
        out.print("用户名或密码错误!");
  }
  else{
%>
  <form action="6- 09.jsp" method="post">
  <p> 用户名:<input type="text" name="xm"> </p>
  <p> 密码:<input type="password" name="mm"> </p>
  <input type="submit" value="确定">
  <input type="reset" value="重置">
  </form>
<%
  }
%>
```

程序的运行结果如图 6 - 7 所示。当用户输入正确的用户名和密码时,将执行 E66.jsp 程序;否则,显示"用户名或密码错误!"。

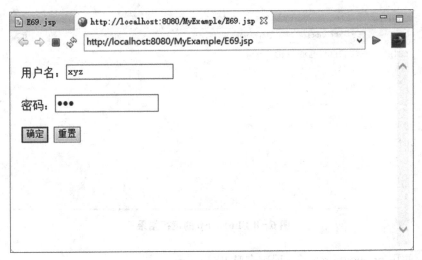

图 6 - 7　E69. jsp 的运行结果

6.5.4　application 对象

站点上的所有用户共享 application 对象,当站点服务器开启时,application 对象就被创建,直到服务器关闭。利用这一特性,可以方便地创建聊天室和网站计数器等应用程序。application 对象的主要方法为:

(1) application. setAttribute(String key,Object obj):将 obj 对象添加到 application 对象中并标识为 key。

(2) application. getAttribute(String key):获取标识为 key 的对象,由于任何数据类型都可以被添加到 application 对象中,因此需要强制类型转换来将 Object 类型转化为原始类型。

实验内容:使用 application 对象,程序名称 E610. jsp

```
<%@  page contentType="text/html;charset=UTF-8" %>
<% String x="hello";
  application.setAttribute("str",x);//设置 application 对象
%>
<% String y=(String)application.getAttribute("str"); //得到 application 对象保存的值
  out.print(session.getId()); //显示用户的身份标识 ID
  out.print("< br> ");
  out.print(y);
%>
```

程序的运行结果如图 6 - 8 所示。

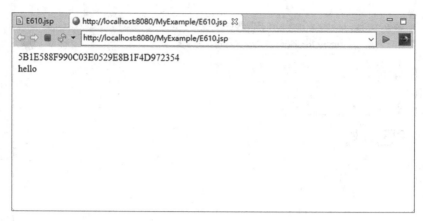

图 6-8　E610.jsp 的运行结果

实验内容：使用 application 对象，程序名称 E611.jsp

```
<%@  page contentType="text/html;charset=UTF-8"%>
<%  String y=(String)application.getAttribute("str"); //得到 application 对象保存的值
   out.print(session.getId());//显示用户的身份标识 ID
   out.print("< br> ");
   out.print(y);
%>
```

开启另一个窗口，打开 E66.jsp，程序的运行结果如图 6-9 所示。

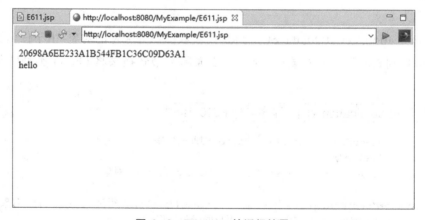

图 6-9　E611.jsp 的运行结果

　　显然，在 E611.jsp 程序中并没有设置 application 对象的值，而且从身份标识 ID 看属于不同用户，但同样可以获取 E610.jsp 程序中的 application 对象保存的值。application 对象保存的值不会因为某一个用户甚至全部用户的离开而消失，一旦 application 被创建，它就一直存在，直到服务器关闭后它被自动释放。

6.5.5　session 对象

　　session 对象用来保存供单个用户共享的信息，这些信息在当前用户链接的所有页面中都可以被访问。可以使用 session 对象存储用户登录时的信息,当用户在页面之间跳转时,这些信息不会被清除。session 对象的常用方法有:

(1) session.getId():得到用户的身份标识 ID。

(2) session.setAttribute(String key,Object obj):将 obj 对象添加到 session 对象中并标识为 key。

(3) session.getAttribute(String key):获取标识为 key 的对象,由于任何数据类型都可以被添加到 session 中,因此需要强制类型转换来将 Object 类型转化为原始类型。

实验内容:使用 session 对象,程序名称 E612.jsp

```
<%@ page contentType="text/html;charset=UTF-8"%>
<% String x="hello";
  session.setAttribute("str",x);
%>
<%
  String y=(String)session.getAttribute("str");
  out.print(session.getId());
  out.print("<br>");
  out.print(y);
%>
<br>
<a href="E613.jsp"> 下一页</a>
```

程序的运行结果如图 6-10 所示。

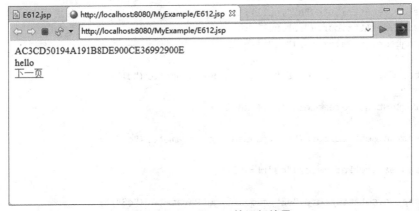

图 6-10　E612.jsp 的运行结果

实验内容:使用 session 对象,程序名称 E613.jsp

```
<%@ page contentType="text/html;charset=UTF-8"%>
<%
  String y=(String)session.getAttribute("str");
  out.print(session.getId());
  out.print("<br>");
  out.print(y);
%>
```

点击图 6-10 中的【下一页】链接,链接到 E613. jsp 程序,运行结果如图 6-11 所示。

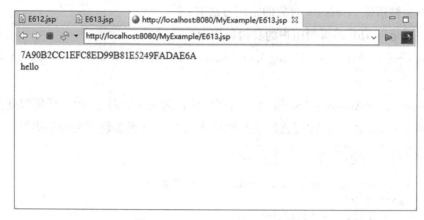

图 6-11　E613. jsp 的运行结果

注意:这里是通过超级链接打开 E613. jsp,如果打开一个新的浏览器来直接执行 E613. jsp 程序,将取不到值,因为系统认为这是不同用户的行为,所以 session 对象只能供同一个用户访问。利用 session 对象的这一特性,可以实现网上购物系统。

实验内容:购物网一,程序名称 buy1. jsp

```
<%@  page contentType="text/html;charset=UTF-8"%>
<%
  session.setAttribute("s1",null);
  session.setAttribute("s2",null);
  session.setAttribute("s3",null);
  if(request.getParameter("c1")!=null)
  {
    session.setAttribute("s1",request.getParameter("c1"));
  }
  if(request.getParameter("c2")!=null)
  {
    session.setAttribute("s2",request.getParameter("c2"));
  }
  if(request.getParameter("c3")!=null)
  {
    session.setAttribute("s3",request.getParameter("c3"));
  }
%>
各种肉大甩卖:< br>
<form action="buy1.jsp" method="get">
<p> <input type="checkbox" name="c1" value="猪肉"> 猪肉</p>
<p> <input type="checkbox" name="c2" value="牛肉"> 牛肉</p>
<p> <input type="checkbox" name="c3" value="羊肉"> 羊肉</p>
<p> <input type="submit" value="提交"> </p>
<a href="buy2.jsp"> 买点别的</a>
<a href="display.jsp"> 查看购物车</a>
</form>
```

程序的运行结果如图 6 - 12 所示。

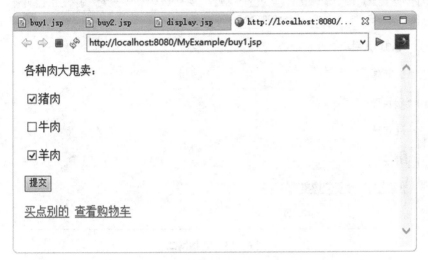

图 6 - 12　购物网一

实验内容:购物网二,程序名称 buy2.jsp

```
<%@  page contentType="text/html;charset=UTF-8"%>
<%
  session.setAttribute("s4",null);
  session.setAttribute("s5",null);
  session.setAttribute("s6",null);
  if(request.getParameter("c4")!=null)
  {
    session.setAttribute("s4",request.getParameter("c4"));
  }
  if(request.getParameter("c5")!=null)
  {
    session.setAttribute("s5",request.getParameter("c5"));
  }
  if(request.getParameter("c6")!=null)
  {
    session.setAttribute("s6",request.getParameter("c6"));
  }
%>
各种球大甩卖:< br>
<form action="buy2.jsp" method= "post">
<p> <input type="checkbox" name="c4" value="篮球"> 篮球</p>
<p> <input type="checkbox" name="c5" value="足球"> 足球</p>
<p> <input type="checkbox" name="c6" value="排球"> 排球</p>
<p> <input type="submit" value="提交"> </p>
<a href="buy1.jsp"> 买点别的</a>
<a href="display.jsp"> 查看购物车</a>
</form>
```

程序的运行结果如图 6 - 13 所示。

图 6 - 13　购物网二

　　选择几个商品后点击【提交】按钮,程序将商品信息保存到 session 对象中,用户可以单击【查看购物车】链接来查看选购商品。

实验内容:购物车,程序名称 display.jsp

```
<%@  page contentType="text/html;charset=UTF-8"%>
您选择的结果是:
<center>
  <% String str="";
   if(session.getAttribute("s1")!=null)
   {
    str=(String)session.getAttribute("s1");
    out.print(str+ "<br>");
   }
   if(session.getAttribute("s2")!=null)
   {
    str=(String)session.getAttribute("s2");
    out.print(str+"<br>");
   }
   if(session.getAttribute("s3")!=null)
   {
    str=(String)session.getAttribute("s3");
    out.print(str+"<br>");
   }
   if(session.getAttribute("s4")!=null)
   {
    str=(String)session.getAttribute("s4");
    out.print(str+"<br>");
   }
   if(session.getAttribute("s5")!=null)
   {
    str=(String)session.getAttribute("s5");
```

```
        out.print(str+"<br>");
    }
    if(session.getAttribute("s6")!=null)
    {
        str=(String)session.getAttribute("s6");
        out.print(str+"<br>");
    }
    %>
</center>
```

程序运行结果如图 6 - 14 所示。

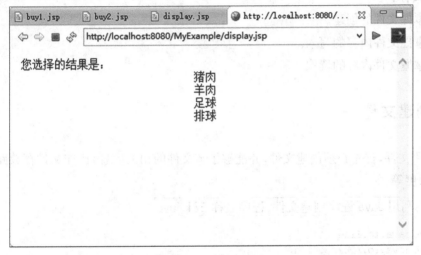

图 6 - 14　查看购物车

6.6　实践练习

（1）以医院药品收费为例，通过购物车来实现对药品的购买，把购买到的药品加入到购物车。

（2）以网站的计数器为例，实现网站的流量统计。

第7章 文件操作

通过本章内容的学习,使读者理解在 Java/JSP 应用程序中如何实现对文件的读写操作。

学习目标:

(1) 掌握文件的创建。

(2) 掌握文件内容的写入。

(3) 掌握文件内容的读取。

7.1 创建文件

要使用文件,首先必须创建文件,并能够了解文件的相关信息,比如文件存放路径、文件名、文件长度等。

实验内容:利用 Java 程序创建文件,程序名称 E71. java

```
import java.io.File;
import java.io.IOException;
public class E71 {
    public static void main(String[] args) {
      try{
        File f=new File("mytext.txt");
        if (!f.exists())
        {
        f.createNewFile();
        }
        System.out.println(f.getName());
        System.out.println(f.getAbsolutePath());
        System.out.println(f.length());
      }catch(IOException e)
      { e.printStackTrace();}
    }
}
```

程序运行结果如图 7-1 所示。

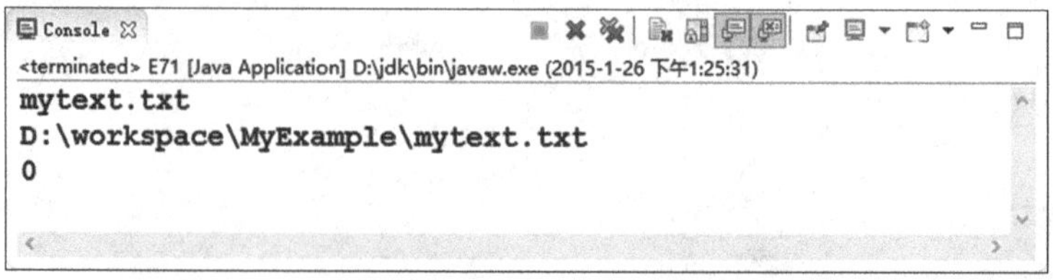

图 7-1 E71. java 的运行结果

```
<%@  page language="java" contentType="text/html; charset=UTF-8"%>
<%@  page import="java.io.* " %>
  <%
      String path=request.getRealPath("/");
      out.println(path);
      File f=new File(path,"mytext.txt");
      if (!f.exists())
      {
      f.createNewFile();
      }
  %>
      文件信息如下:<br>
      文件名:<%=f.getName()%> <br>
      文件长度:<%=f.length()%>
```

程序运行结果如图 7 - 2 所示。

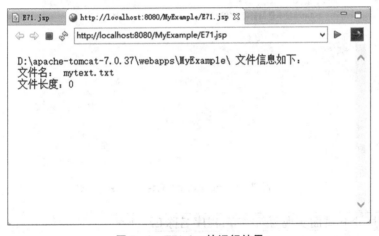

图 7 - 2　E71.jsp 的运行结果

7.2　写入文件

(1) 利用 FileOutputStream/BufferedOutputStream,实现对字节的写入。

```
import java.io.* ;
public class E72 {
    public static void main(String[] args) {
      try
      {
        File f=new File("mytext.txt");
        if (!f.exists())
        {
```

```
        f.createNewFile();
        }
    FileOutputStream outf=new FileOutputStream(f);
    BufferedOutputStream bufferout=new BufferedOutputStream(outf);
    byte b[]=new String("Java 技术是目前流行的语言!").getBytes();
    bufferout.write(b);
    bufferout.flush();
    bufferout.close();
    System.out.println(f.getName());
    System.out.println(f.getAbsolutePath());
    System.out.println(f.length());
    }catch(IOException e)
    { e.printStackTrace();}
    }
}
```

打开 D:\workspace\MyExample\mytext. txt 文件,可以看到如图 7－3 所示的内容。

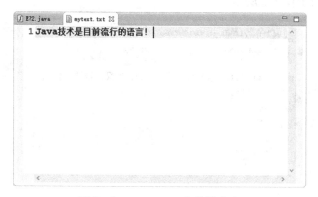

图 7－3 mytext. txt 文件的内容

实验内容:利用 JSP 页面实现写入字节,程序名称 E72. jsp

```
<%@  page language="java" contentType="text/html;charset=UTF-8"%>
<%@  page import="java.io.* "%>
<%
    String path=request.getRealPath("/");
    out.println(path);
    File f=new File(path,"mytext.txt");
    if (!f.exists())
    {
    f.createNewFile();
    }
FileOutputStream outf=new FileOutputStream(f);
BufferedOutputStream bufferout=new BufferedOutputStream(outf);
byte b[]=new String("JSP 技术是目前流行的语言!").getBytes();
bufferout.write(b);
bufferout.flush();
bufferout.close();
%>
```

文件信息如下:
文件名:<%=f.getName()%>
文件长度:<%=f.length()%>

程序运行结果如图 7-4 所示,可以看到文件长度变成了 25。打开文件可以看到写入的内容。

图 7-4　E72.jsp 的运行结果

(2) 利用 FileWriter/BufferedWriter,实现对字符的写入。

实验内容:利用 Java 程序实现写入字符,程序名称 E73.java

```java
import java.io.* ;
public class E73 {
    public static void main(String[] args) {
      try {
          File f=new File("mytext.txt");
          if (!f.exists())
          {
          f.createNewFile();
          }
      FileWriter outf=new FileWriter(f);
      BufferedWriter bufferout=new BufferedWriter(outf);
      String str="Java 技术是目前流行的语言!";
      bufferout.write(str);
      bufferout.flush();
      bufferout.close();
      System.out.println(f.getName());
      System.out.println(f.getAbsolutePath());
      System.out.println(f.length());
      }catch(IOException e)
      { e.printStackTrace();}
    }
}
```

程序运行结果如图 7-5 所示。打开文件可以看到写入的内容。

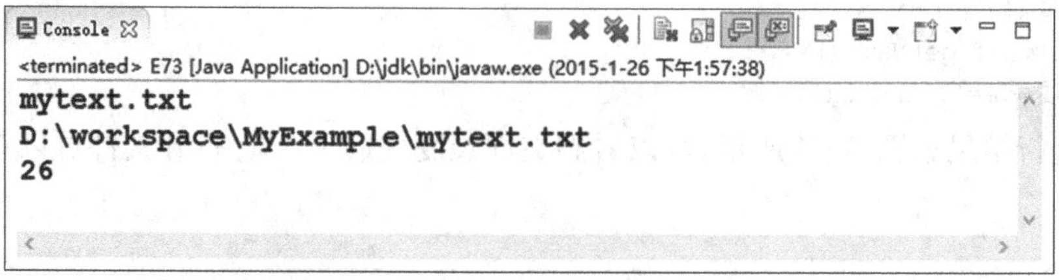

图 7 - 5　E73. java 的运行结果

实验内容:利用 JSP 页面实现写入字符,程序名称 E73. jsp

```
<%@  page language="java" contentType="text/html;charset=UTF-8"%>
<%@  page import="java.io.* " %>
<%
    String path=request.getRealPath("/");
    out.println(path);
    File f=new File(path,"mytext.txt");
    if (!f.exists())
    {
    f.createNewFile();
    }
  FileWriter outf=new FileWriter(f);
  BufferedWriter bufferout=new BufferedWriter(outf);
  String str="JSP技术是目前流行的语言!";
  bufferout.write(str);
  bufferout.flush();
  bufferout.close();
%>
文件信息如下:<br>
文件名:<%=f.getName()%> <br>
文件长度:<%=f.length()%>
```

程序运行结果同正如图 7 - 4 所示,同样实现了将字符写入文本文件中。

7.3　读取文件

(1) 利用 FileInputStream/BufferedInputStream,实现对字节的读取。

实验内容:利用 Java 程序实现读取字节,程序名称 E74. java

```
import java.io.* ;
public class E74{
    public static void main(String[] args) {
      try
      {
          File f=new File("mytext.txt");
          FileInputStream inf=new FileInputStream(f);
          BufferedInputStream bufferin=new BufferedInputStream(inf);
          byte b[]=new byte[100];
```

```
int n=0;
if((n=bufferin.read(b))!=-1)
{
String temp=new String(b,0,n);
System.out.println(temp);
}
bufferin.close();
inf.close();
}catch(IOException e)
{ e.printStackTrace();}
}
}
```

程序运行结果如图 7 - 6 所示。

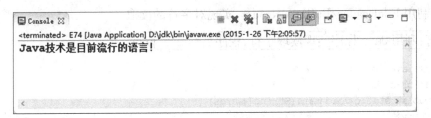

图 7 - 6 E74. java 的运行结果

实验内容:利用 JSP 页面实现读取字节,程序名称 E74. jsp

```
<%@  page language="java" contentType="text/html;charset=UTF-8"%>
<%@  page import="java.io.* " %>
<%
  String path=request.getRealPath("/");
  File f=new File(path,"mytext.txt");
  FileInputStream inf=new FileInputStream(f);
  BufferedInputStream bufferin=new BufferedInputStream(inf);
  byte b[]=new byte[100];
  int n=0;
  if((n=bufferin.read(b))!=-1){
  String temp=new String(b,0,n);
  out.println(temp);
  }
  bufferin.close();
  inf.close();
%>
```

程序运行结果如图 7 - 7 所示。

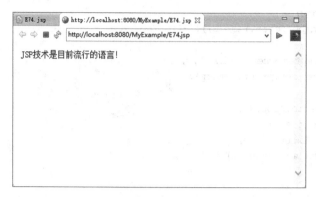

图 7 - 7　E74. jsp 的运行结果

（2）利用 FileReader/BufferedReader，实现对字符的读取。

实验内容：利用 Java 程序实现读取字符，程序名称 E75. java

```java
import java.io.* ;
public class E75{
    public static void main(String[] args) {
        try{
            File f=new File("mytext.txt");
            FileReader inf=new FileReader(f);
            BufferedReader bufferin=new BufferedReader(inf);
            String tempString=null;
            while((tempString=bufferin.readLine())!=null)
            System.out.println(tempString);
            bufferin.close();
            inf.close();
        }catch(IOException e)
        { e.printStackTrace();}
    }
}
```

程序运行结果同也如图 7 - 6 所示，同样实现了利用 Java 应用程序读取文本内容。

实验内容：利用 JSP 页面实现读取字符，程序名称 E75. jsp

```jsp
<%@  page language="java" contentType="text/html;charset=UTF-8"%>
<%@  page import="java.io.* "%>
<%
  String path=request.getRealPath("/");
  File f=new File(path,"mytext.txt");
  FileReader inf=new FileReader(f);
  BufferedReader bufferin=new BufferedReader(inf);
  String tempString=null;
  while((tempString=bufferin.readLine())!=null)
  out.println(tempString);
  bufferin.close();
  inf.close();
%>
```

程序运行结果也如图 7－7 所示,同样实现了利用 JSP 页面读取文本内容。

7.4　实践练习

(1) 创建文件 myfile. txt。

(2) 分别以字节流和字符流的方式在 myfile. txt 文件中写入以下内容:全国重点大学 Jiangsu University。

(3) 分别以字节流和字符流的方式将 myfile. txt 文件中的内容输出。

(4) 将网站的流量数据永久保存到文件中,实现对网站流量的统计。

第 8 章　Servlet 技术

通过本章内容的学习,使读者理解 Servlet 和 JSP 之间的关系,并掌握 Servlet 服务器端小程序的编写,通过客户端和服务器端的结合,实现与用户的动态交互。

学习目标:

(1) 掌握 Servlet 的工作原理。

(2) 掌握 Servlet 程序的创建过程。

(3) 掌握 Servlet 的使用。

8.1　Servlet 简介

Servlet 是一个标准的 Java 类,它符合 Java 类的一般规则,而它和一般 Java 类的不同之处就在于 Servlet 可以处理 HTTP 请求。在 Servlet API 中提供了大量的方法,可以在 Servlet 中调用。所以 Servlet 是服务器端的 Java 小程序,用于响应客户端的请求。

Servlet 与 JSP 的关系如下:

(1) JSP 是以另外一种方式实现的 Servlet,Servlet 是 JSP 的早期版本,在 JSP 中更加注重页面的表现,而在 Servlet 中则更注重业务逻辑的实现。

(2) 当要编写的页面显示效果比较复杂时,首选的工具是 JSP;或者在开发过程中,当 HTML 代码经常发生变化而 Java 代码则相对比较固定时,可以选择 JSP;而在处理业务逻辑时,首选的则是 Servlet。

(3) JSP 只能处理浏览器的请求,Servlet 则可以处理一个客户端的应用程序请求。因此,Servlet 加强了 Web 服务器的功能。

8.2　Servlet 的生命周期

Servlet 的运行机制和 Applet 类似,Servlet 是在服务器端运行的,而 Applet 是在客户端运行的。Servlet 是 javax. servlet 包中 HttpServlet 类的子类,由服务器完成该子类的创建和初始化。

Servlet 的生命周期主要包括三个过程:

(1) init()方法:服务器初始化 Servlet。

（2）service（）方法：初始化完毕，Servlet 对象调用该方法以响应客户端的请求。

（3）destroy（）方法：调用该方法消灭 Servlet 对象。

其中，init（）方法只在 Servlet 第一次被请求加载的时候被调用一次，当有客户机再次请求 Servlet 服务时，Web 服务器将启动一个新的线程，在该线程中调用 service（）方法响应客户端的请求。

8.3　Servlet 程序的编写与运行

在 MyExample 项目的【Java Resources】目录下的【src】目录上右击，弹出如图 8-1 所示的快捷菜单。

图 8-1　【New】子菜单

在该菜单中选择【Servlet】，弹出如图 8-2 所示的【Create Servlet】（创建 Servlet）窗口。

图 8-2　【Create Servlet】窗口

在【Class name:】文本框中输入"MyFirstServlet",然后点击【Finish】按钮,进入代码编辑窗口,MyFirstServlet. java 程序代码中斜粗体为增加内容,其他内容为自动生成。

实验内容:一个简单的 Servlet 程序,程序名称 MyFirstServlet. java

```java
import java.io.IOException;
import java.io.PrintWriter;
import javax.servlet.ServletException;
import javax.servlet.annotation.WebServlet;
import javax.servlet.http.HttpServlet;
import javax.servlet.http.HttpServletRequest;
import javax.servlet.http.HttpServletResponse;
@ WebServlet("/MyFirstServlet")
public class MyFirstServlet extends HttpServlet {
public void service (HttpServletRequest request, HttpServletResponse response)
throws IOException
    {
    response.setCharacterEncoding("UTF-8");// 设置编码格式,此句必须放此段首行才有效
    PrintWriter out=response.getWriter();
    out.println("<HTML> <BODY> ");
    out.println("这是我的第一个 Servlet 程序 ");
    out.println("</body> </html> ");
    }
}
```

和运行 JSP 程序一样,在 Eclipse 主界面中点击 ⏵ ▼ 下拉按钮,然后在下拉菜单中依次点击【Run as】→【Run on Server】,启动服务器运行程序,运行结果如图 8－3 所示。可以看到,地址栏中的地址为:http://localhost:8080/MyExample/MyFirstServlet,如果在页面程序中要调用 Servlet 程序,指明相对路径"/项目名/Servlet 名字"即可。

图 8－3   MyFirstServlet. java 的运行结果

8.4　Servlet 与用户的交互

doGet 和 doPost 方法分别对应 Form 表单 method 属性的两种提交方式:get 提交和

post 提交。利用 get 方式提交的信息出现在地址栏内,且总数据量不能超过 2K,否则将提交失败;利用 post 方式提交的信息则在文件头传递,且没有容量方面的限制。

实验内容:提交表单程序,程序名称 MyForm.html

```html
<html> <body>
<form action="/MyExample/MyFormServlet" method="get">
  <p> 用户名:<input type="text" name="xm"> </p>
  <p> 密码:<input type="password" name="mm"> </p>
  <input type="submit" value="确定">
  <input type="reset" value="重置">
  </form>
</body> </html>
```

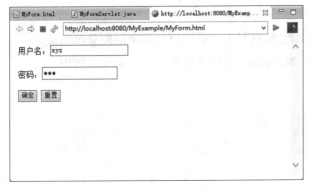

图 8-4　MyForm 表单

实验内容:表单提交处理程序,程序名称 MyFormServlet.java

在 Eclipse 环境中创建 MyFormServlet.java,自动生成相应代码,找到 doGet 方法,添加如下代码:

```java
protected void doGet (HttpServletRequest request, HttpServletResponse response)
throws ServletException, IOException {
        response.setCharacterEncoding("UTF-8");
        PrintWriter pw=response.getWriter();
        String xm=request.getParameter("xm");
        String mm=request.getParameter("mm");
        pw.print("您的姓名为:"+xm);
        pw.print("<br> ");
        pw.print("您的密码为:"+mm);
    }
```

在图 8-4 中输入用户名和密码,然后点击【确定】按钮,将客户端信息提交给服务器端的 MyFormServlet 程序进行处理,get 方式提交会自动调用 doGet()方法,运行结果如图 8-5 所示。

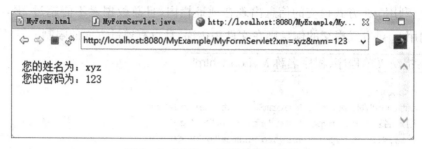

图 8-5　MyForm 表单的提交结果

8.5　实践练习

（1）设计 Servlet 类，实现对客户端用户名和密码的登录验证。

（2）设计 Servlet 类，将客户端提交的数据写入文本文件中。

第 9 章　JavaBean 技术

通过本章内容的学习,使读者理解什么是 JavaBean,并掌握 JavaBean 的定义和调用。

学习目标:

(1) 掌握 JavaBean 的工作原理。

(2) 掌握 JavaBean 的编写与使用。

(3) 掌握 JSP 的设计模式。

9.1　JavaBean 简介

JavaBean 是一种软件组件模型,与其他软件对象相互作用,决定如何建立和重用组件。这些可重用的软件组件被称为 Bean。在 Sun 公司的 JavaBean 规范的定义中,Bean 的正式定义是:"Bean 是一个基于 Sun 公司的 JavaBean 规范的、可在编程工具中被可视化处理的可复用的软件组件"。

9.2　编写 Bean

编写 Bean 就是编写一个 Java 类,所以只要会编写类就能编写一个 Bean。如果类的成员变量的名字是 xxx,那么为了更改或获取成员变量的值,在类中通常使用以下两个方法:

(1) getXxx(),用来获取属性 xxx。

(2) setXxx(),用来修改属性 xxx。

此外,类中方法的访问属性必须是 public。

实验内容:编写 Bean,程序名称 Student. java

```
package myBean; //定义包,将类放于该包中,否则在 JSP 中调用时不能识别
public class Student{
    private String xm;
    private String xb;
    private int nl;
    public Student()
    {}
    public Student(String xm,String xb,int nl){
        this.xm=xm;
        this.xb=xb;
```

```
        this.nl=nl;
    }
    public void setXm(String xm){
        this.xm=xm;
    }
    public void setXb(String xb){
        this.xb=xb;
    }
    public void setNl(int nl){
        this.nl=nl;
    }
    public String getAll(){
        return xm+" "+xb+" "+nl;
    }
}
```

9.3　使用 Bean

在 JSP 中调用 Bean 通常有两种方式,第一种方式如 E91.jsp 所示。

实验内容:调用 Bean 的方式一,程序名称 E91.jsp

```
<%@  page contentType="text/html;charset=UTF-8" %>
<%@  page import="MyBean.Student" % >
<html>
<body>
  <%
    Student st=new Student("张三","男",21);
    out.print(st.getAll());
  %>
</body>
</html>
```

在该程序中,使用"<%@ page import="myBean.Student" %>"将 Student.class 类引入 JSP 页面,然后利用"Student st=new Student("张三","男",21);"创建对象实例 st。运行结果如图 9-1 所示。

图 9-1　E91.jsp 的运行结果

第二种方式使用 JSP 操作指令将 Bean 引入 JSP 页面中。在 JSP 中专门提供了三个页面指令来和 JavaBean 交互，分别是 jsp：useBean 指令、jsp：setProperty 指令和 jsp：getProperty 指令，具体的语法分别为：

<jsp：useBean id="beanid" scope="page|request|session|application" class="package.class"/>

<jsp：setProperty name="beanid" property="属性" value="值"/>

<jsp：getProperty name="beanid" property="属性"/>

其中，id 是当前页面中引用的 Bean 的名字，JSP 页面中的 Java 代码将使用这个名字来访问 Bean；scope 指定 Bean 的作用范围，可以取如下 4 个值：

（1）page：Bean 只能在当前页面中使用。当 JSP 页面执行完毕，该 Bean 将会被作为垃圾回收。

（2）request：Bean 在相邻的两个页面中有效。

（3）session：Bean 在整个用户会话过程中都有效。

（4）application：Bean 在当前整个 Web 应用的范围内都有效。

jsp：setProperty 指令的功能是设置 Bean 的属性，jsp：getProperty 指令的功能是得到某个 Bean 的属性值。

实验内容：调用 Bean 的方式二，程序名称 E92.jsp

```
<%@  page contentType="text/html;charset=UTF-8"%>
<jsp:useBean id="st" scope="page" class="myBean.Student"/>
<html>
<body>
  <jsp:setProperty name="st" property="xm" value="张三"/>
  <jsp:setProperty name="st" property="xb" value="男"/>
  <jsp:setProperty name="st" property="nl" value="21"/>
  <%
    out.print(st.getAll());
  %>
</body>
</html>
```

程序运行结果同样如图 9-1 所示。

9.4 JSP 设计模式

JSP 设计模式有两种：JSP+JavaBean 设计模式和 MVC 设计模式。

9.4.1 JSP+JavaBean 模式

在这种模式中，JSP 页面独自响应请求并将处理结果返回客户端，所有的数据库操作通过 JavaBean 来实现。

这种模式简单直接,需要在 JSP 页面中嵌入大量的 Java 代码,当处理的业务逻辑非常复杂时,情况就会变得很糟糕,大量的 Java 代码使得 JSP 页面变得非常臃肿。前端的页面设计人员稍有不慎,就有可能破坏关系到业务逻辑的代码。这种情况在大型项目中经常出现,造成了代码开发和维护的困难,同时会导致项目管理的困难。因此这种模式只适用于中小规模的项目。

9.4.2 MVC 模式

在这种模式中,Servlet 用来处理请求的事务,充当了控制器(Controller,即"C")的角色。Servlet 负责响应客户端对业务逻辑的请求并根据用户的请求行为,决定将哪个 JSP 页面发送给客户端。JSP 页面处于表示层,也就是充当了视图(View,即"V")的角色。JavaBean 则负责数据的处理,也就是充当了模型(Model,即"M")的角色,如图 9-2 所示。

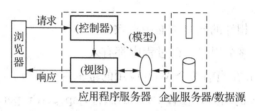

图 9-2　MVC 模式图

这种模式在开发大型项目时表现出的优势尤其突出,它具有更清晰的逻辑划分,能够有效区分不同的开发者,避免彼此间的相互影响,充分发挥各自的特长。

下面以用户的登录为例使用 MVC 模式来实现,其中登录页面为 Form. html,登录成功显示页面 Welcome. jsp,控制器 FormServlet. java 实现页面的跳转,模型 Check. java 用来检查用户是否合法。

实验内容:登录页面,程序名称 Form. html

```html
<html> <body>
<form action="/MyExample/FormServlet" method="get">
  <p> 用户名:<input type="text" name="xm"> </p>
  <p> 密码:<input type="password" name="mm"> </p>
  <input type="submit" value="确定">
  <input type="reset" value="重置">
</form>
</body> </html>
```

实验内容:登录成功页面,程序名称 Welcome. jsp

```jsp
<%@  page contentType="text/html;charset=UTF-8"%>
<html> <body> 登录成功! </body> </html>
```

实验内容:模型,程序名称 Check. java

```java
package myBean;
public class Check {
```

```
public boolean check(String xm,String mm)
{ if(xm.equals("xyz")&&mm.equals("123"))
        return true;
    else
        return false;
}}
```

实验内容:控制器,程序名称 FormServlet. java

其他代码自动生成,这里不再赘述。找到 doGet()方法,添加如下代码:

```
protected void doGet (HttpServletRequest request, HttpServletResponse response)
throws ServletException, IOException {
    String xm=request.getParameter("xm");
    String mm=request.getParameter("mm");
    Check c=new Check();
    if (c.check(xm, mm))
        response.sendRedirect("Welcome.jsp");
    else
        response.sendRedirect("Form.html");
}
```

9.5　实践练习

(1) 设计个人银行账户应用程序,实现对个人账户的存款、取款、查询额度功能,并通过 JSP 页面构造应用程序界面。

(2) 使用 MVC 模式实现对 Student 类的插入。通过 JSP 页面实现学生信息的输入,通过 Servlet 实现页面的调用与转发,在 JavaBean 中封装对 Student 类信息的注入。

第 10 章　Java 数据库程序设计

通过本章内容的学习,使读者掌握 Java/JSP 数据库程序设计的一般原理和方法,实现对各种类型数据库表的动态查询、插入、删除、修改等操作。

学习目标:

(1) 掌握数据库应用的开发原理和过程。

(2) 掌握 JDBC 的常用接口。

(3) 掌握数据库的事务处理。

(4) 掌握分页技术。

(5) 掌握如何使用 JavaBean 访问数据库。

10.1　数据库应用开发概述

作为有效的数据存储和组织管理工具,数据库的应用日益广泛,目前主流的数据库产品有 Oracle、SQL Server、DB2 和 MySQL 等。在数据库开发领域,有两个方面需要掌握,即 SQL 语言和 JDBC 接口。

10.1.1　SQL 简介

SQL(Structured Query Language,结构化查询语言)是使用关系模型的数据库语言,用于和各类数据库连接,提供通用的数据管理和查询功能。SQL 语言最初由 IBM 公司开发,实现了关系数据库中的信息检索。后几经修改和完善,被国际标准化组织确定为国际标准,目前执行的是 1992 年制定的 SQL-92 标准。

SQL 可以为各种支持 SQL-92 标准的数据库管理系统(DataBase Management System,DBMS)所接受和处理,通常各种 DBMS 都提供图形用户界面,以使用户直接对数据库进行操作。但 SQL 语言本身并不是完整的编程语言,还需要与其他高级编程语言配合,才能实现应用程序对数据库的访问操作。

SQL 语言有如下两大特点:

(1) SQL 是一种类似于英语的语言,很容易理解和书写。

(2) SQL 语言是非过程化的语言(第四代语言)。SQL 集 DDL(Data Definition Language,数据定义语言)、DQL(Data Query Language,数据查询语言)、DML(Data Manipulation Language,数据操纵语言)、TCL(Transaction Control Language,事务控制语言)和

DCL(Data Control Language,数据控制语言)于一体,如表 10-1 所示,用 SQL 可以实现数据库生命周期的全部活动。

表 10-1　SQL 分类

SQL 分类	描述
数据定义语言(DDL)	DDL 用于定义、修改或者删除数据库对象,如 Create Table 等命令
数据查询语言(DQL)	DQL 用于对数据进行检索,如最常用的 Select 语句
数据操纵语言(DML)	DML 用于访问、建立或者操纵在数据库中已经存在的数据,如 Insert、Update 和 Delete 等命令
事务控制语言(TCL)	TCL 管理 DML 语句所做的修改,决定是否保存修改或者放弃修改,如 Commit、Rollback、Savepoint、Set Transaction 等命令
数据控制语言(DCL)	DCL 管理对数据库内对象的访问权限及授予和回收,如 Grant、Revoke 等命令

10.1.2　MySQL 数据库的创建与使用

本节以 MySQL 为例讲解数据库的创建以及 SQL 语句的使用。

1) MySQL 数据库的安装与配置

在 Web 应用方面 MySQL 是最好的 RDBMS(Relational Database Management System,关系数据库管理系统)应用软件之一。

MySQL 具有如下特点:MySQL 是开源的,所以用户不需要支付额外的费用;支持大型的数据库,可以处理拥有上千万条记录的大型数据库;使用标准的 SQL 数据语言形式;可以安装于多个系统上,并且支持多种编程语言,包括 C、C++、Python、Java、Perl、PHP 等;支持大型数据库,32 位系统最大可支持 4 GB 的表文件,64 位系统最大可支持 8 TB 的表文件;MySQL 是可定制的,采用了 GPL 协议,用户可以修改源码来开发自己的 MySQL 系统。

MySQL 的安装包可以在 http://www.mysql.com/downloads 下载,本教程使用的是 mysql-noinstal-5.1.73-win32.zip 免安装版,将其解压到 D 盘根目录下,并将目录名改为 "mysql",如图 10-1 所示。

MySQL 安装好后需要设置环境变量 mysql_home 和 Path(不区分大小写)。方法:在操作系统桌面上右击 图标,在弹出的快捷菜单中选择【属性】,然后在弹出的【系统属性】对话框中依次选择【高级】→【环境变量】,如图 10-2 所示。

图 10 - 1　mysql 安装目录

图 10 - 2　【系统属性】对话框

在【系统变量(S)】列表框中新建环境变量 mysql_home，设置变量值，如图 10 - 3 所示。

图 10 - 3　设置 mysql_home 环境变量

Path 环境变量已经存在,在【系统变量(S)】列表框中找到该变量,设置变量值,如图 10 - 4 所示。

图 10 - 4　设置 Path 环境变量

找到 c:\windows\system32 目录下的 cmd. exe 文件,如图 10 - 5 所示。

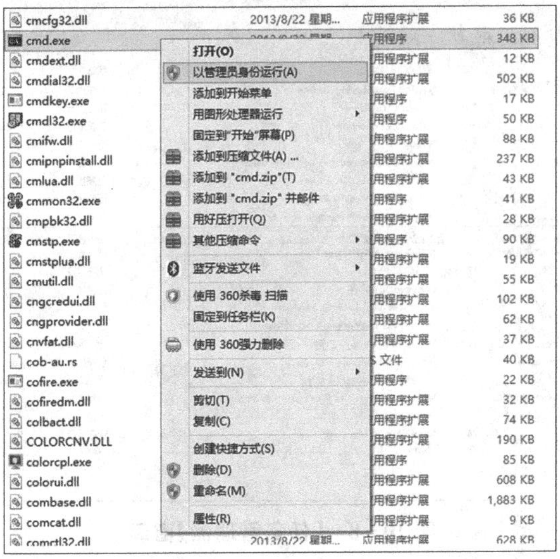

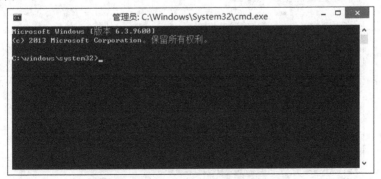

图 10 - 5　cmd. exe 文件

在 cmd. exe 文件上右击,在弹出的快捷菜单中选择【以管理员身份运行】,打开如图 10 - 6 所示的命令窗口。

图 10 - 6　cmd 命令窗口(1)

在命令窗口中依次执行如图 10 - 7 所示的命令,显示"Service successfully installed.",
表示服务已成功安装(补充:移除服务命令为 mysqld -remove)。

图 10-7　cmd 命令窗口(2)

然后，打开任务管理器，找到 MySQL 服务，如图 10-8 所示。

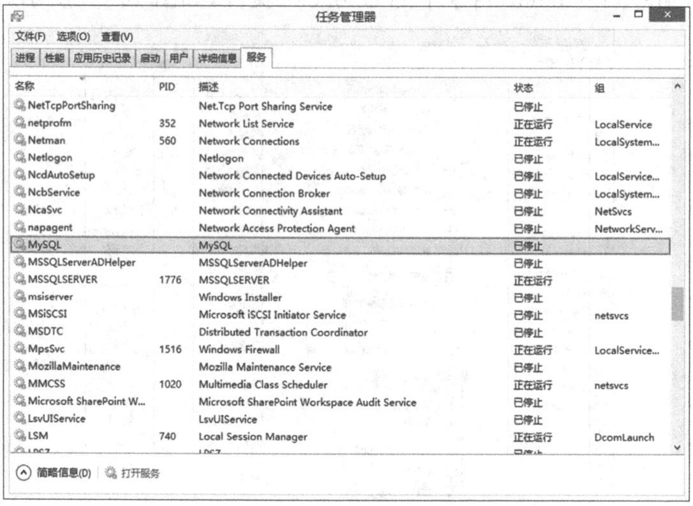

图 10-8　【任务管理器】窗口

右击 MySQL 服务，在弹出的快捷菜单中点击【开始】，如图 10-9 所示，在【状态】栏若显示"正在运行"，即表示 MySQL 启动成功。

图 10-9　启动 MySQL

再次打开命令窗口,进入 d:\mysql\bin 目录,依次执行如下命令,就可以完成相应的功能:

修改登录密码:mysqladmin -uroot password 123456

登录:mysql-uroot-p123456

创建数据库:create database mydb;

打开数据库:use mydb;

创建表:create table xs(xh varchar(5),xm varchar(8),xb varchar(2));

如果在命令窗口使用命令来实现对表的创建和使用,显然很不方便,好在有 Navicat for MySQL 软件,它是一套专为 MySQL 设计的强大数据库管理及开发工具,可以用于 3.21 或以上版本的 MySQL 数据库服务器,并支持大部分 MySQL 最新版本的功能,包括触发器、存储过程、函数、事件、检索、权限管理等。

2) Navicat for MySQL 的安装与使用

遗憾的是 Navicat for MySQL 不像 MySQL 那样开源免费,本教程使用的 Navicat for MySQL 安装包为 navicat8_mysql_cs. exe 试用版,安装很简单,跟一般软件的安装步骤一样,双击安装包,采用默认设置,单击【下一步】按钮直至完成安装,这时在操作系统桌面上生

成快捷方式图标 。

打开 Navicat for MySQL,进入如图 10 - 10 所示的主界面。

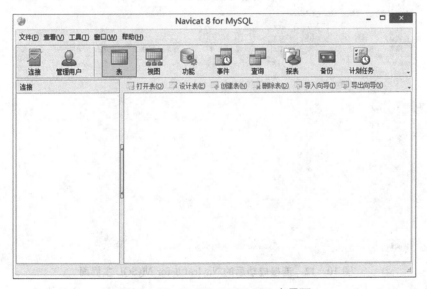

图 10 - 10　Navicat for MySQL 主界面

单击【连接】图标,打开如图 10 - 11 所示的对话框,输入前面设置的密码:123456。

图 10-11 【连接】对话框

　　设置完成后,点击图 10-11 中的【连接测试】按钮可以测试是否连接成功,若连接成功,点击【确定】按钮,打开如图 10-12 所示的主界面。

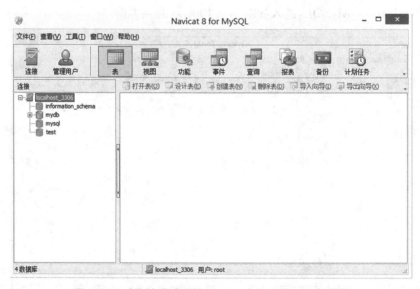

图 10-12 连接成功后的 Navicat 8 for MySQL 主界面

　　至此,就可以利用这个客户端工具实现对数据库和表的创建与使用,具体操作方式请参考 Navicat for MySQL 相关教程,此处不详述。

3）使用 SQL 操作 MySQL 数据库

首先创建一个名为 mydb 的数据库，在 mydb 中包含两个表：xs 和 cj。xs 表的结构如图
10-13 所示，这里将 xh 设置为主键。

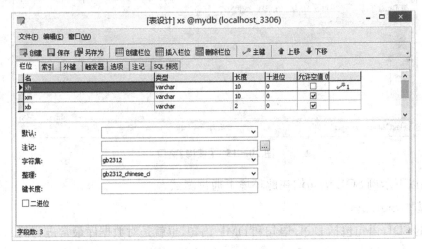

图 10-13　xs 表的结构

cj 表的结构如图 10-14 所示，这里增加了一个字段 id 作为主键，并将其设置为自动
递增。

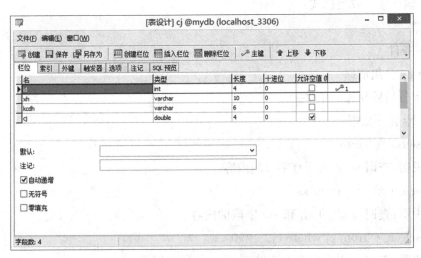

图 10-14　cj 表的结构

接下来，打开【查询】窗口，如图 10-15 所示。在【查询编辑器】窗格中输入 SQL 语句，
单击【运行】图标，就可以在【结果 1】窗格中查看。

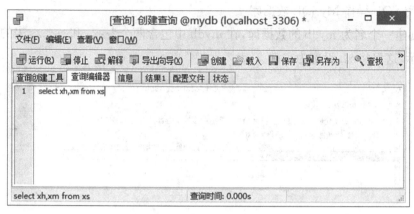

图 10 - 15 【查询】窗口

说明:以下示例 SQL 语句均在此环境下通过测试。

(1) 基本 SQL 语句

基本的 SQL 语句包括 DQL 语句和 DML 语句,也就是对数据库最常进行的四大基本操作:查询(select)、插入(insert)、更新(update)和删除(delete)。

①select 语句

select 语句的语法如下:

select 输出字段或表达式

from 表

where 条件

group by 分组依据

having 分组后筛选的条件

order by 排序依据

例 1:select * from xs

功能说明:查询 xs 表的所有字段的内容。

例 2:select xh,xm from xs

功能说明:查询 xs 表的 xh 和 xm 字段的内容。

例 3:select * from cj where cj>=90

功能说明:查询 cj 表中成绩大于等于 90 分的所有记录。

例 4:select * from cj where xm like "张%"

功能说明:查询 xs 表中姓张的所有学生。

例 5:select * from xs where xm like "张_"

功能说明:查询 xs 表中 xm 字段以"张"开头且字数为 2 的记录。

例 6:select * from cj order by cj desc

功能说明:查询 cj 表的所有记录并按降序排列。

例 7：select distinct xh from cj

功能说明：将 cj 表中 xh 字段重复的值去掉，取唯一值。

例 8：select ＊ from cj order by cj desc limit 3

功能说明：取出 cj 表中成绩排前三的记录。

②insert 语句

insert 语句的语法如下：

inert into 表(字段列表) values(值列表)

例 9：insert into xs values("201306203","张天发","男")

功能说明：在 xs 表中插入该条记录(如果每个字段都有值，可省略字段列表)。

例 10：insert into xs(xh,xm) values("201206204","王郝")

功能说明：在 xs 表中插入该条记录，仅包含 xh 和 xm 两个字段。

③update 语句

update 语句的语法如下：

update 表 set 字段值＝新值 where 条件

例 11：update xs set xb＝"女" where xh＝"201206204"

功能说明：将 xs 表中 xh 字段值为"201206204"的记录的 xb 字段的值改为"女"。

例 12：update cj set cj＝cj＋10 where xh like "％062％"

功能说明：将 cj 表中 xh 字段值包含"062"的所有记录的 cj 字段的值加 10 分。

④delete 语句

delete 语句的语法如下：

delete from 表 where 条件

例 13：delete from xs where xh＝"201306204"

功能说明：删除 xs 表中 xh 字段值为"201306204"的所有记录(注意：如果没有 where 条件，则删除全部记录)。

(2) 分组查询

分组函数在实际应用程序中经常被使用，其功能是做一些基本的统计和计算。分组函数有 5 个，分别是 sum 函数、avg 函数、count 函数、max 函数和 min 函数。在 select 语句中，分组函数通常和 group by 和 having 子句连用，group by 子句用来设定分组依据，having 子句用来设定分组后筛选的条件。

①sum 函数

sum 函数的功能是算出某个字段的总值。

例 14：select kcdh,sum(cj) as total from cj group by kcdh

功能说明：查询各门课程的总成绩。

②avg 函数

avg 函数的功能是算出某个字段的平均值。

例 15：select kcdh,avg(cj) as average from cj group by kcdh

功能说明：查询各门课程的平均成绩。

例 16：select kcdh,avg(cj) as average from cj group by kcdh having avg(cj)>=80

功能说明：查询各门课程的平均成绩大于等于 80 分的记录。

③count 函数

count 函数的功能是算出返回记录的行数。

例 17：select kcdh,count(*) as counts from cj group by kcdh

功能说明：查询各门课程的选课人数。

④max 函数

max 函数的功能是算出某个字段的最大值。

例 18：select kcdh,max(cj) as first from cj group by kcdh

功能说明：查询各门课程的最高分。

⑤min 函数

min 函数的功能是算出某个字段的最小值。

例 19：select kcdh,min(cj) as last from cj group by kcdh

功能说明：查询各门课程的最低分。

（3）多表查询

例 20：select a. xh,xm,kcdh,cj from xs a,cj b where a.xh=b.xh and a.xh like "%061%"

功能说明：查询 xh 字段值中包含"061"的所有学生的课程成绩。

10.1.3　JDBC 接口

为支持 Java 程序的数据库操作功能，Java 语言采用了专门的 Java 数据库连接（Java DataBase Connectivity，JDBC）编程接口，用于在 Java 程序中实现数据库操作功能并简化操作过程。JDBC 支持基本 SQL 语句，提供多样化的数据库连接方式，为各种不同的数据库提供统一的操作界面（图 10－16）。

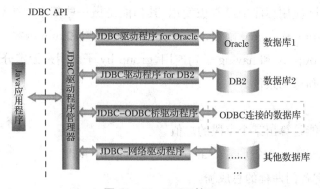

图 10－16　JDBC 接口

　　要使用 JDBC 接口，必须加载该数据库的 JDBC 驱动程序。大多数数据库都有 JDBC 驱动程序，常用的 JDBC 驱动程序如图 10－17 所示。

图 10－17　常用 JDBC 驱动程序

　　其中，classes12. jar 是用于 Oracle 的驱动程序，db2java. jar 是用于 DB2 的驱动程序，mssqlserver. jar 是用于 SQL Server 的驱动程序，mysql. jar 是用于 MySQL 的驱动程序。

　　下面以配置 MySQL 的 JDBC 驱动程序为例来说明。

　　首先，下载驱动程序包，本教程使用的版本是 mysql-connector-java-5. 1. 7-bin. jar。然后，将其放置在项目的 WEB－INF/lib 目录中即可，如图 10－18 所示。

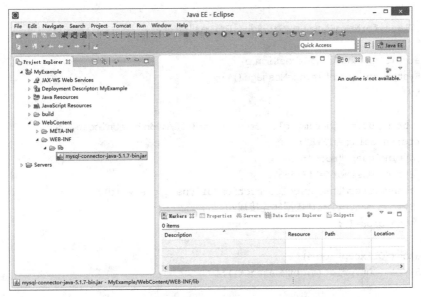

图 10－18　配置 MySQL 的 JDBC 驱动程序

　　下一节将详细介绍 JDBC 中常用的类和接口。

10.2　JDBC 的类和接口

10.2.1　DriverManager 类

　　DriverManager 是用来管理数据库驱动程序的类，其主要方法包括：

　　(1) getConnection(String url)：与 url 所表示的数据源连接。

　　(2) getConnection(String url, String user, String password)：与 url 所表示的数据源连

接,同时需要提供用户名和密码。

url 的语法如下：

jdbc:＜子协议＞:＜数据源名＞

例如：

jdbc:odbc:mydb(jdbc 连接 odbc 数据源)

jdbc 连接 MySQL 数据源,并指明字符编码方式

jdbc:mysql://localhost:3306/mydb?useUnicode＝true&characterEncoding＝utf－8

实验内容:使用 JDBC 直接连接 MySQL 数据源,程序名称 Conn. java

```java
import java.sql.* ;
public class Conn {
    public static void main(String[] args) {
    Connection conn=null;
    try
    {
      Class.forName("com.mysql.jdbc.Driver");
    }
    catch(ClassNotFoundException e)
    {System.out.print(e.getMessage());}
    try
    {
      String url= "jdbc:mysql://localhost:3306/mydb?useUnicode=true&
characterEncoding=UTF-8";
      String user="root";
      String password="123456";
      conn=DriverManager.getConnection(url,user,password);
      System.out.print("数据库连接成功,恭喜你");
      conn.close();
    }
    catch(SQLException e)
    {System.out.print(e.getMessage());}
    }
}
```

程序运行结果如图 10－19 所示。

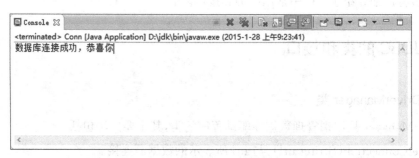

图 10－19　Conn. java 的运行结果

实验内容：使用 JDBC 直接连接 MySQL 数据源，程序名称 E101.jsp

```
<%@  page contentType="text/html;charset= UTF-8"%>
<%@  page import="java.sql.* "%>
<%
  try
  {
    Class.forName("com.mysql.jdbc.Driver");
  }
  catch(ClassNotFoundException ee)
  {out.print(ee.getMessage());}
  String url="jdbc:mysql://localhost:3306/mydb?useUnicode=true&characterEncoding=
UTF-8";
  String user="root";
  String password="123456";
  Connection conn=DriverManager.getConnection(url,user,password);
  out.print("数据库连接成功,恭喜你");
%>
<%
  conn.close();
%>
```

程序运行结果如图 10 - 20 所示。

图 10 - 20　E101.jsp 的运行结果

10.2.2　Connection 接口

建立与数据库之间的连接，也就是创建一个 Connection 对象的实例。DriverManager 类的 getConnection()方法将建立数据库的连接。在程序的最后，应该关闭 Connection 对象。Connection 接口的常用方法有：

(1) close()：关闭连接，释放资源。

(2) createStatement()：创建一个 Statement 对象，执行 SQL 语句。

(3) prepareStatement()：创建一个 PreparedStatement 对象，执行带有参数的 SQL 语句。

（4）prepareCall()：创建一个 CallableStatement 对象，执行存储过程。

连接一旦建立，就可用来向它所涉及的数据库传送 SQL 语句，从而实现对数据库中表的操作。

10.2.3 Statement 接口

Statement 接口用于将 SQL 语句发送到数据库中，有三种 Statement 接口：Statement、PreparedStatement（从 Statement 继承而来）和 CallableStatement（从 PreparedStatement 继承而来）。

Statement 接口的常用方法有：

（1）close()：关闭连接，释放资源。

（2）executeQuery(String sql)：执行 SQL-Select 命令，返回记录结果集，保存在 ResultSet 对象中。

（3）executeUpdate(String sql)：执行 SQL-Insert、SQL-Update、SQL-Delete 等命令，返回一个整数，表示执行成功与否。

（4）SetXYZ(int index, XYZ x)：设置参数值，将第 index 个参数设置为 x，XYZ 代表字段的数据类型。

实验内容：使用 Statement 接口查询数据，程序名称 Stmt. java

```java
import java.sql.* ;
public class Stmt {
    public static void main(String[] args) {
        Connection conn=null;
        Statement stmt=null;
        ResultSet rs=null;
        try
        {
          Class.forName("com.mysql.jdbc.Driver");
        }
        catch(ClassNotFoundException e)
        {System.out.print(e.getMessage());}
        try
        {
          String url= "jdbc:mysql://localhost:3306/mydb?useUnicode=
          true&characterEncoding=UTF-8";
          String user="root";
          String password="123456";
          conn=DriverManager.getConnection(url,user,password);
          stmt=conn.createStatement();
          rs=stmt.executeQuery("select *from xs");
          while(rs.next())
          {
            System.out.print(rs.getString("xm")+" ");
            System.out.print(rs.getString("xb"));
```

```
      System.out.println();
    }
    conn.close();
    stmt.close();
    rs.close();
  }
  catch(SQLException e)
  {System.out.print(e.getMessage());}
  }
}
```

程序运行结果如图 10 - 21 所示。

图 10 - 21　Stmt.java 的运行结果

实验内容：使用 Statement 接口查询数据，程序名称 E102.jsp

```
<%@  page contentType="text/html;charset=UTF-8" %>
<%@  page import="java.sql.* " %>
<%
  Connection conn=null;
  Statement stmt=null;
  ResultSet rs=null;
  try
  {
    Class.forName("com.mysql.jdbc.Driver");
  }
  catch(ClassNotFoundException e){}
  try
  {
    String url="jdbc:mysql://localhost:3306/mydb?useUnicode=true&character
Encoding=UTF-8";
    String user="root";
    String password="123456";
    conn=DriverManager.getConnection(url,user,password);
    stmt=conn.createStatement();
    rs=stmt.executeQuery("select *  from xs");
    while(rs.next())
    {
    out.print(rs.getString("xm")+" ");
    out.print(rs.getString("xb"));
    out.print("<br> ");
```

```
    }
  }
  catch(SQLException ee){}
  finally
  {
    stmt.close();
    conn.close();
  }
%>
```

程序运行结果如图 10 – 22 所示。

图 10 – 22   E102.jsp 的运行结果

实验内容:使用 PreparedStatement 接口插入数据,程序名称 Pstmt.java

```
import java.sql.* ;
public class Pstmt {
    public static void main(String[] args) {
        Connection conn=null;
        Statement stmt=null;
        PreparedStatement pstmt=null;
        ResultSet rs=null;
        try
        {
          Class.forName("com.mysql.jdbc.Driver");
        }
        catch(ClassNotFoundException e)
        {System.out.print(e.getMessage());}
        try
        {
          String url="jdbc:mysql://localhost:3306/mydb?useUnicode
          =true&characterEncoding=UTF-8";
          String user="root";
          String password="123456";
          conn=DriverManager.getConnection(url,user,password);
          stmt=conn.createStatement();
          pstmt=conn.prepareStatement("insert into xs values(?,?,?)");
```

```
        pstmt.setString(1,"201406107");
        pstmt.setString(2,"王强");
        pstmt.setString(3,"男");
        pstmt.execute();
        rs=stmt.executeQuery("select *from xs");
        while(rs.next())
        {
          System.out.print(rs.getString("xm")+ " ");
          System.out.print(rs.getString("xb"));
          System.out.println();
        }
        conn.close();
        stmt.close();
        pstmt.close();
        rs.close();
      }
      catch(SQLException e)
      {System.out.print(e.getMessage());}
  }
}
```

程序运行结果如图 10 - 23 所示。

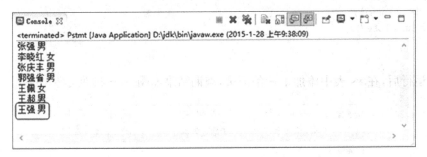

图 10 - 23　Pstmt. java 的运行结果

实验内容:使用 PreparedStatement 接口插入数据,程序名称 E103. jsp

```
<%@  page contentType="text/html;charset=UTF-8" %>
<%@  page import="java.sql.* " %>
<%
  Connection conn=null;
  Statement stmt=null;
  PreparedStatement pstmt=null;
  ResultSet rs=null;
  try
  {
    Class.forName("com.mysql.jdbc.Driver");
  }
  catch(ClassNotFoundException e){}
  try
  {
    String url="jdbc:mysql://localhost:3306/mydb?useUnicode=true&character
```

```
Encoding=UTF-8";
    String user="root";
    String password="123456";
    conn=DriverManager.getConnection(url,user,password);
    pstmt=conn.prepareStatement("insert into xs values(?,?,?)");
    pstmt.setString(1,"201406107");
    pstmt.setString(2,"王强");
    pstmt.setString(3,"男");
    pstmt.execute();
    stmt=conn.createStatement();
    rs=stmt.executeQuery("select *  from xs");
    while(rs.next())
    {
      out.print(rs.getString("xm")+" ");
      out.print(rs.getString("xb"));
      out.print("<br>");
    }
  }
  catch(SQLException ee){}
  finally
  {
    pstmt.close();
    stmt.close();
     conn.close();
  }
%>
```

程序运行后,在 xs 表中添加了一条记录,查询结果如图 10-24 所示。

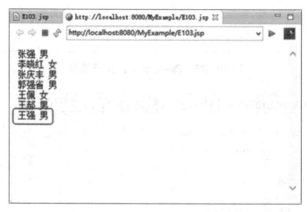

图 10-24　E103.jsp 的运行结果

10.2.4　ResultSet 接口

ResultSet 接口保存符合 SQL 语句执行结果的所有行,并且它通过一套 get 方法提供了对这些行中的数据的访问。常用的 get 方法有:

(1) getXYZ(int index):得到第 index 个字段值,XYZ 代表该字段的数据类型。

(2) getXYZ(String 字段名):得到指定字段的值,XYZ 代表该字段的数据类型。

（3）next()：将光标移到下一条记录，并返回 true 或 false。

10.3 实现数据库的事务处理

事务是一些事件的集合，执行一条 SQL 语句可以理解成一个事件。事务中包含多个事件，当所有事件都执行成功时，事务才执行；若有任何一个事件执行不成功，事务中的其他事件也不执行，这样主要是为了维护数据的安全性。

实验内容：使用事务处理，程序名称 Trans. jsp

```
import java.sql.* ;
public class Trans {
    public static void main(String[] args) {
        Connection conn=null;
        Statement stmt=null;
        boolean defaultCommit=false;
        String strSQL1="insert into xs(xh,xm,xb) values('201306108','顾红','男')";
        String strSQL2="update xs set xb='女' where xh='201306108'";
        try{
            Class.forName("com.mysql.jdbc.Driver");
        }
        catch(ClassNotFoundException e){
            System.out.println(e.getMessage());
        }
        try {
            String url="jdbc:mysql://localhost:3306/mydb?useUnicode
            =true&characterEncoding=UTF-8";
            String user="root";
            String password="123456";
            conn=DriverManager.getConnection(url,user,password);
            defaultCommit=conn.getAutoCommit();
            conn.setAutoCommit(false);
            stmt=conn.createStatement();
            stmt.executeUpdate(strSQL1);
            stmt.executeUpdate(strSQL2);
            conn.commit();
        }
        catch (Exception e) {
            try
            {conn.rollback();}catch(Exception ee){}
        }
        finally {
            try
            {
            conn.setAutoCommit(defaultCommit);
            if (stmt!=null) {
                stmt.close();
            }
```

```
        if (conn!=null) {
            conn.close();
        }
        }
        catch(Exception e){}
    }
  }
}
```

程序运行后,打开数据库中的 xs 表,可以看到"顾红"这条记录被添加时性别为"男",紧接着将其改为"女",结果如图 10-25 所示。

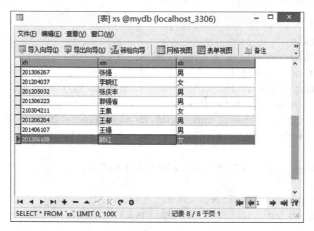

图 10-25　Trans. jsp 的运行结果

实验内容:使用事务处理,程序名称 E104. jsp

```
<%@ page contentType="text/html;charset=UTF-8"%>
<%@ page import="java.sql.* "%>
<%
    Connection conn=null;
    Statement stmt=null;
    boolean defaultCommit=false;
    StringstrSQL1="insert into xs(xh,xm,xb) values('201306108','顾红','男')";
    String strSQL2="update xs set xb='女' where xh='201306108'";
    try{
        Class.forName("com.mysql.jdbc.Driver");
    }
    catch(ClassNotFoundException ce){
        out.println(ce.getMessage());
    }
    try {
        String url="jdbc:mysql://localhost:3306/mydb?useUnicode=true&character
Encoding=UTF-8";
        String user="root";
        String password="123456";
        conn=DriverManager.getConnection(url,user,password);
```

```
        defaultCommit=conn.getAutoCommit();
        conn.setAutoCommit(false);
        stmt=conn.createStatement();
        stmt.executeUpdate(strSQL1);
        stmt.executeUpdate(strSQL2);
        conn.commit();
    }
    catch (Exception e) {
        conn.rollback();
    }
    finally {
        conn.setAutoCommit(defaultCommit);
        if (stmt!=null) {
            stmt.close();
        }
        if (conn!=null) {
            conn.close();
        }
    }
%>
```

程序运行后同样得到如图 10－25 所示的结果。

10.4 实现分页显示

在实际应用中,表中的记录往往比较多,在一页上全部显示是不现实的,这时就应该使用分页显示功能。

实验内容:分页显示,程序名称 E105. jsp

```
<%@ page contentType="text/html;charset=UTF-8"%>
<%@ page import="java.sql.* "%>
<HTML> <BODY>
<%
    Connection conn=null;
    Statement stmt=null;
    ResultSet rs=null;
    String strSQL="";
    int PageSize=2; //每页显示 2 条记录
    int Page=1;
    int totalPage=1;
    int totalrecord=0;
    try{
        Class.forName("com.mysql.jdbc.Driver");
    }
    catch(ClassNotFoundException ce){
        out.println(ce.getMessage());
    }
    try{
```

```
    String url="jdbc:mysql://localhost:3306/mydb?useUnicode=true&character
Encoding=UTF-8";
    String user="root";
    String password="123456";
    conn=DriverManager.getConnection(url,user,password);
    stmt=conn.createStatement(
        ResultSet.TYPE_SCROLL_INSENSITIVE,
        ResultSet.CONCUR_READ_ONLY);
    //算出总行数
    strSQL="SELECT count(*) as recordcount FROM xs";
    rs=stmt.executeQuery(strSQL);
    if (rs.next()) totalrecord=rs.getInt("recordcount");
    //输出记录
    strSQL="SELECT *  FROM xs";
    rs=stmt.executeQuery(strSQL);
    if(totalrecord %PageSize == 0)// 如果是当前页码的整数倍
        totalPage=totalrecord / PageSize;
    else   // 如果最后还空余一页
        totalPage=(int) Math.floor( totalrecord / PageSize ) +1;
    if(totalPage==0) totalPage =1;
    if(request.getParameter("Page")== null || request.getParameter("Page").
equals(""))
        Page=1;
    else
    try {
        Page=Integer.parseInt(request.getParameter("Page"));
    }
    catch(java.lang.NumberFormatException e){
        // 捕获用户在浏览器地址栏直接输入 Page=sdfsdfsdf 所造成的异常
        Page=1;
    }
    if(Page<1)   Page=1;
    if(Page >totalPage) Page =  totalPage;
    rs.absolute((Page-1) *  PageSize +1);
    out.print("<TABLE BORDER='1'> ");
    for(int iPage=1; iPage<=PageSize; iPage++ )
    {
        out.print("<TR> <TD>"+rs.getString("xh")+"</TD>");
        out.print("<TD>"+rs.getString("xm")+"</TD>");
        out.print("<TD>"+rs.getString("xb")+"</TD> </TR>");
        if(!rs.next()) break;
    }
    out.print("</TABLE>");
}
catch(SQLException e){
    System.out.println(e.getMessage());
}
finally{
    stmt.close();
    conn.close();
```

```
    }
%>
<FORM action="E105.jsp" method="GET">
<%
  if(Page!=1) {
      out.print("<A HREF=E105.jsp? Page=1> 第一页</A>");
      out.print("<A HREF=E105.jsp? Page=" +(Page-1) +"> 上一页</A>");
  }
  if(Page!=totalPage) {
      out.print("<A HREF=E105.jsp? Page=" +(Page+1) +"> 下一页</A>");
      out.print("<A HREF=E105.jsp? Page=" +totalPage +"> 最后一页</A>");
  }
%>
<BR> 输入页数:<input TYPE="TEXT" Name="Page" SIZE="3">
<input type="submit" value="go">
页数:<font COLOR="Red"><% =Page%>/<%=totalPage%></font>
</FORM>
```

程序运行结果如图 10 - 26 所示。

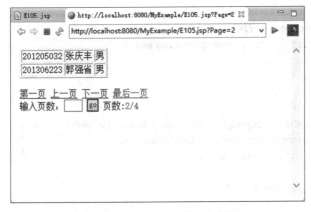

图 10 - 26　E105.jsp 的运行结果

10.5　使用 JavaBean 访问数据库

　　从前面的程序中,可以看出数据库连接过程中有很多代码是重复的,但要在不同程序中反复重写,这样不利于代码的维护和编写效率。在实际应用开发中,访问数据库通常非常频繁,一般将访问数据库的代码封装到 JavaBean 中,这样可以提高编写效率,并有利于代码的维护。

10.5.1　编写 JavaBean

实验内容:使用 JavaBean 操作数据库,程序名称 SqlDB.java

```
package myBean;
import java.sql.* ;
```

```java
public class SqlDB
{
    String DBDriver="com.mysql.jdbc.Driver";
    String url="jdbc:mysql://localhost:3306/mydb?useUnicode=true&characterEncoding=
UTF-8";
    String user="root";
    String password="123456";
    Connection conn=null;
    ResultSet rs=null;
    public SqlDB()
    {
        try
        {
            Class.forName(DBDriver);
        }
        catch(ClassNotFoundException e)
        {
            System.out.println(e.getMessage());
        }
    }
    //定义 executeQuery 方法
    public ResultSet executeQuery(String sql)
    {
        rs=null;
        try
        {
            conn=DriverManager.getConnection(url,user,password);
            Statement stmt=conn.createStatement();
            rs=stmt.executeQuery(sql);
        }
        catch(SQLException e1)
        {
            System.out.println(e1.getMessage());
        }
        return rs;
    }
    //定义 executeUpdate 方法
    public void executeUpdate(String sql)
    {
        try
        {
            conn=DriverManager.getConnection(url,user,password);
            Statement stmt=conn.createStatement();
            stmt.executeUpdate(sql);
            stmt.close();
            conn.close();
        }
        catch(SQLException e2)
        {
            System.out.println(e2.getMessage());
```

```
        }
    }
}
```

10.5.2　调用 JavaBean

首先在 JSP 页面中引入 JavaBean，然后调用 JavaBean 提供的方法，从而实现对数据库的操作。

实验内容：调用 JavaBean 查询数据库，程序名称 BeanStmt.java

```
import java.sql.* ;
import myBean.SqlDB;
public class BeanStmt {
    public static void main(String[] args) {
        SqlDB db=new SqlDB();
        ResultSet rs=null;
        try
        {
          rs=db.executeQuery("select *from xs");
          while(rs.next())
          {
            System.out.print(rs.getString("xm")+" ");
            System.out.print(rs.getString("xb"));
            System.out.println();
          }
          rs.close();
        }
        catch(SQLException e)
        {System.out.print(e.getMessage());}
    }
}
```

程序运行结果如图 10 - 27 所示。

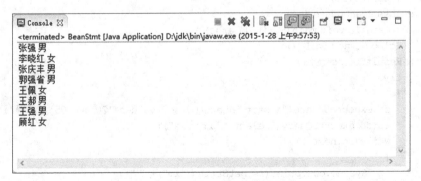

图 10 - 27　BeanStmt.java 的运行结果

实验内容：调用 JavaBean 查询数据库，程序名称 E106.jsp

```
<%@ page contentType="text/html;charset=UTF-8" %>
<%@ page import="java.sql.* " %>
```

```
<%@ page import="myBean.SqlDB"%>
<%
  SqlDB db=new SqlDB();
  ResultSet rs=db.executeQuery("select *from xs");
  while(rs.next())
  {
    out.print(rs.getString("xh")+ " ");
    out.print(rs.getString("xm")+ " ");
    out.print(rs.getString("xb"));
    out.print("<br> ");
  }
%>
```

程序运行结果如图 10 - 28 所示。

图 10 - 28　E106. jsp 的运行结果

实验内容：调用 JavaBean 操作数据库，程序名称 BeanUpdate. java

```
import java.sql.* ;
import myBean.SqlDB;
public class BeanUpdate {
    public static void main(String[] args) {
        SqlDB db=new SqlDB();
        ResultSet rs=null;
        try
        {
          db.executeUpdate("insert into xs(xh,xm) values('201406205','萧墙')");
          rs=db.executeQuery("select *  from xs");
          while(rs.next())
          {
              System.out.print(rs.getString("xm")+ " ");
              System.out.print(rs.getString("xb"));
              System.out.println();
          }
          rs.close();
        }
        catch(SQLException e)
```

```
{System.out.print(e.getMessage());}
    }
}
```

程序运行结果如图 10 - 29 所示,"性别"字段因为未插入值,默认为"null"。

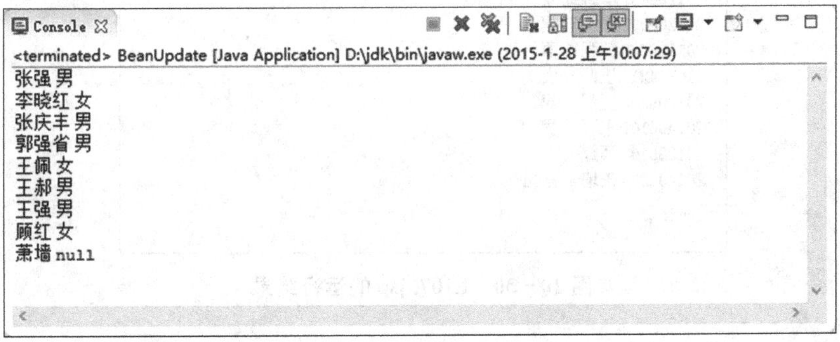

图 10 - 29　BeanUpdate. java 的运行结果

实验内容:调用 JavaBean 操作数据库,程序名称 E107. jsp

```
<%@ page contentType="text/html;charset=UTF-8"%>
<%@ page import="java.sql.* " %>
<%@ page import="myBean.SqlDB"%>
<%
  SqlDB db=new SqlDB();
  db.executeUpdate("insert into xs(xh,xm) values('201406205','萧墙')");
  ResultSet rs=db.executeQuery("select *  from xs");
%>
<!-- 用表格来布局记录的显示 -->
<table>
<tr> <td> 学号</td> <td> 姓名</td> <td> 性别</td> </tr>
<%
  while(rs.next())
  {
%>
    <tr>
    <td> <%=rs.getString("xh")%> </td>
    <td> <%=rs.getString("xm")%> </td>
    <td> <%=rs.getString("xb")%> </td>
    </tr>
<%
  }
%>
</table>
```

程序运行结果如图 10 - 30 所示,可见记录通过表格来布局,显得更加整洁。

图 10-30 E107.jsp 的运行结果

10.6 实践练习

（1）建立"图书"表，表中包含"书号""书名""作者""出版社""价格""出版日期"字段。

（2）实现对"图书"表的插入、删除、修改和查询操作，并实现对记录的分页显示。

第 11 章　图形用户界面(GUI)

通过本章内容的学习,使读者能够综合利用 AWT 组件和 Swing 组件,并借助 Jigloo 框架来实现 GUI 界面的设计。

学习目标:

(1) 掌握 GUI 程序设计包。

(2) 掌握 GUI 窗体容器及常用组件的使用。

(3) 掌握 Java 的委托事件处理模型。

11.1　GUI 程序设计简介

GUI(Graphic User Interface,图形用户界面)程序可以给用户呈现一种更直观、友好的界面,为用户提供了一种更友好的交互方式,用户可以通过鼠标点击、拖动及键盘控制等更灵活的方式进行应用操作。Java 提供了丰富的 GUI 类和接口,用户可以通过这些类和接口创建应用程序。

(1) java. awt 包

Java 语言在 java. awt 包中提供了大量用于 GUI 设计的类和接口,可进行绘制图形、设置字体和颜色、控制组件、处理事件等操作。

(2) javax. swing 包

javax. swing 包是 Java 基础类库(Java Foundation Classes,JFC)的一部分,提供了从按钮到可分拆面板和表格的所有组件。

(3) AWT 组件和 Swing 组件的区别和联系

Swing 组件是 Java 提供的第二代 GUI 设计工具包,它以 AWT 为基础,新增或改进了一些 GUI 组件,使得 GUI 程序的功能更强大,设计更容易、更方便。

AWT 组件和对应的 Swing 组件从名称上很容易记忆和区别。例如,AWT 的框架类、面板类、按钮类和菜单类被命名为 Frame、Panel、Button 和 Menu,而 Swing 对应的组件类被命名为 JFrame、JPanel、JButton 和 JMenu,如图 11 - 1 和图 11 - 2 所示。与 AWT 组件相比,Swing 组件的名称前多一个字母"J"。另外,AWT 组件在 java. awt 包中,而 Swing 组件在 javax. swing 包中。

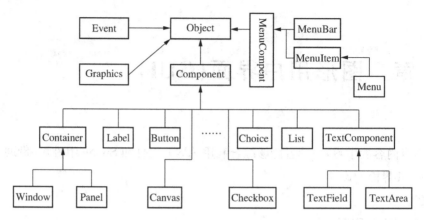

图 11 - 1　AWT 组件类的继承关系

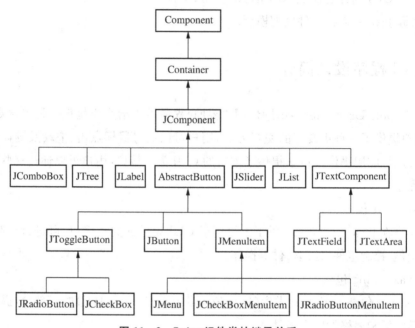

图 11 - 2　Swing 组件类的继承关系

　　本教程使用 Jigloo 框架来辅助开发,这是一个 Eclipse 插件,使用户可以快速构建在 Java 平台上运行的复杂 GUI。该插件可以在相关网站下载,本教程使用的是 jigloo_462. zip,将其解压,拷贝 features 和 plugins 文件夹到 Eclipse 目录中,即完成 Eclipse 环境对 Jigloo 的整合。整合后,在项目下的【src】目录上右击,然后在弹出的快捷菜单中依次选择【New】→【Other】,打开如图 11 - 3 所示的窗口。在该窗口中,可以看到【GUI Forms】目录,就可以为你的应用新建 GUI 程序了。下文的示例基于本环境创建。

图 11 - 3　新建窗口

11.2　窗体容器

　　常用的 Swing 窗体容器组件包括:JFrame、JApplet、JDialog、JWindow 等,其中 JFrame
与 JDialog 分别是 AWT 窗体容器组件 Frame 与 Dialog 的替代组件。组件不能直接在程序
运行界面中显示,必须放置在容器组件内才能呈现出来。

实验内容:创建 JFrame 窗体容器,程序名称 JFrameExample.java

　　在 MyExample 项目下的【src】目录上右击,在弹出的快捷菜单中依次选择【New】→【Oth-
er】,打开如图 11 - 4 所示的类新建窗口。

图 11 - 4　类的新建窗口

在图 11-4 中,选中【JFrame】,然后点击【Next】按钮,打开如图 11-5 所示的窗口。

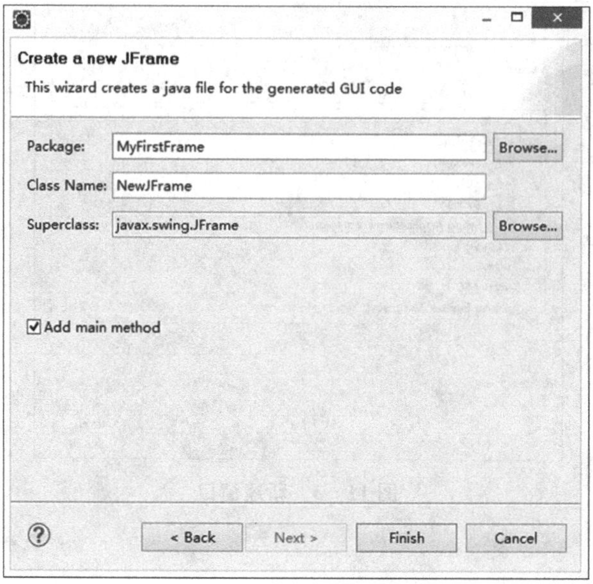

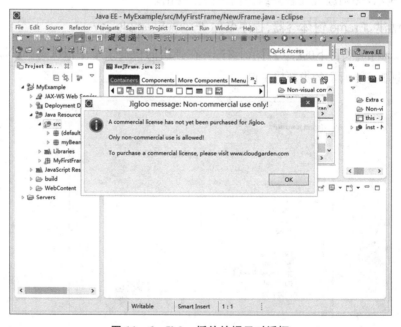

图 11-5 类的定义窗口

在图 11-5 中,在【Class Name】文本框中键入类名"NewJFrame",然后点击【Finish】按钮,打开如图 11-6 所示的对话框,提示本 Jigloo 插件为非商业版(商业版需要购买),点击【OK】按钮,进入图 11-7 所示的窗体设计界面。

图 11-6 Jigloo 插件的提示对话框

如图 11-7 所示,窗体设计界面包含可视化编辑窗格、代码编辑窗格、浏览窗格和属性编辑窗格。

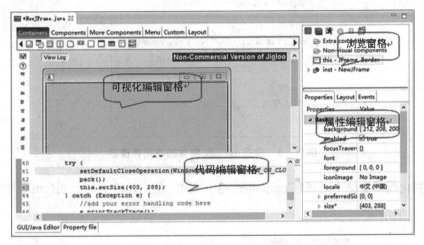

图 11 - 7　窗体设计界面

　　单击保存按钮,系统自动生成窗体界面,不需要编写一行代码,就可以运行该窗体了,单击运行菜单下拉列表,选择【Run as】→【Java Application】,显示如图 11 - 8 所示的界面,一个窗体就生成了。

图 11 - 8　JFrame 运行界面

实验内容:创建包含一个【关闭】按钮的窗体容器,程序名称 JFrameButtonExample.java

　　创建 GUI 类 JFrameButtonExample,打开如图 11 - 7 所示的 JFrame 窗体设计界面,在属性编辑窗格中选择【Layout】选项卡,设置窗体容器的布局管理器为 Absolute,如图 11 - 9 所示。

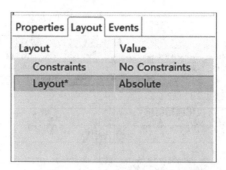

图11-9　设置 JFrame 窗体的布局管理器

在可视化编辑窗格中选择【Components】选项卡,在工具栏上选中 JButton 按钮  ,
如图 11-10 所示。

图 11-10　组件工具栏

将该按钮拖放到 JFrame 窗体中的适当位置,点击鼠标左键,弹出如图 11-11 所示的对
话框。

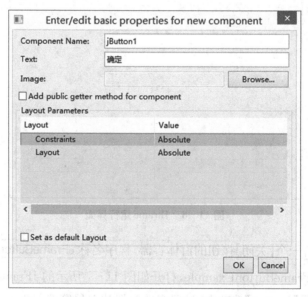

图 11-11　JButton 属性设置对话框

在图 11-11 中设置按钮的文本为"确定",然后单击【OK】按钮,一个可视化的【确定】按
钮就在 JFrame 窗体中生成了,如图 11-12 所示,其他控件也可按此方法添加。

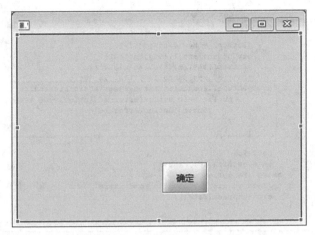

图 11 - 12　包含【确定】按钮的 JFrame 窗体

选中【确定】按钮,在属性编辑窗格中选择【Events】选项卡,设置【ActionListener】事件处理器中的【actionPerformed】方法为【handler method】,如图 11 - 13 所示。

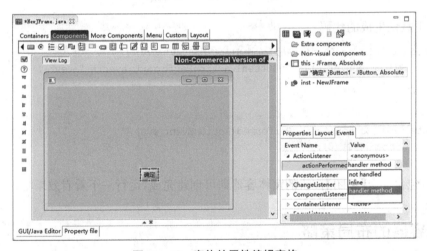

图 11 - 13　窗体的属性编辑窗格

进入代码编辑窗格,可以看到系统自动生成了如图 11 - 14 所示的代码,其中 addActionListener()方法表示为按钮注册了事件监听器,这里事件监听器 new ActionListener(){}使用了匿名类,该类中需要用户根据要完成的功能实现鼠标单击事件处理方法 actionPerformed(ActionEvent evt)。

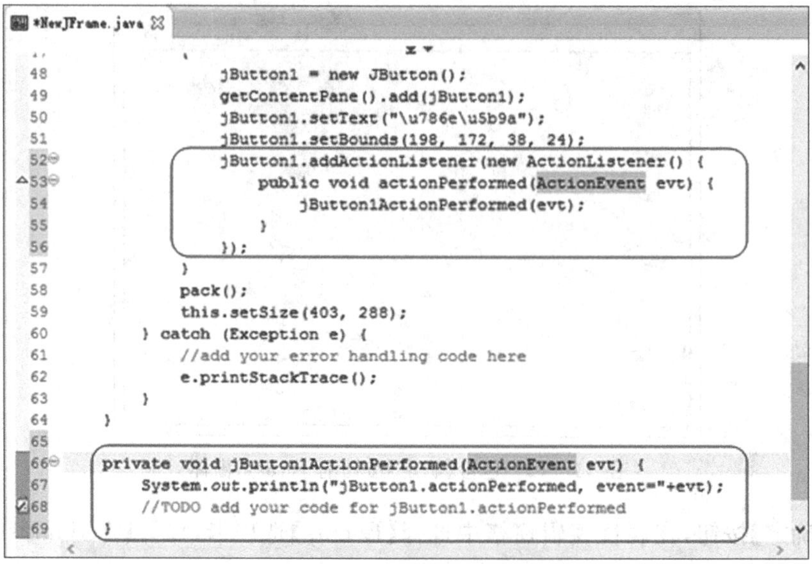

图 11-14　代码编辑窗格

将以下默认生成的代码：

```
private void jButton1ActionPerformed(ActionEvent evt) {
        System.out.println("jButton1.actionPerformed, event= "+ evt);
    }
```

改为：

```
private void jButton1ActionPerformed(ActionEvent evt) {
        System.exit(0);
    }
```

此时,包含一个【关闭】按钮的窗体容器即可创建完成,运行一下看看效果吧。

11.3　容器的布局策略

在 Java 的 GUI 设计中,布局控制是通过为容器设置布局管理器来实现的。java. awt 包中共定义了 5 种布局管理器,分别是 FlowLayout、BorderLayout、CardLayout、GridLayout 和 GridBagLayout,每种布局管理器对应一种布局策略。容器对象创建成功后自动获取一个系统默认布局管理器。

可用 setLayout(newLayoutObject)方法为容器对象重新指定一个不同于默认的布局管理器;也可以使用 setLayout(null)方法中止标准的布局管理器,从而让用户能够以手工方式设置组件的大小或位置,该方法对应于在属性编辑窗格中设置窗体容器的布局管理器为 Absolute。

11.4　事件处理

　　一旦应用程序具备事件处理的能力,用户就可以通过点击按钮或执行特定菜单命令等操作,向应用程序发送相关的消息;应用程序通过事件监听器对象捕获到用户发送的消息,并对此做出积极响应,执行相关的事件处理方法,达到完成预定任务的目的。

　　发生事件的对象称为事件源,如果要对该对象进行事件处理,首先必须给该对象注册事件监听器对象,一旦事件发生,监听器将接收该消息并调用相应的方法进行处理。

　　因此,Java 处理事件的模式称为委托事件模型(Event Delegation Model)。委托事件模型可以看作事件源、事件对象、事件监听器三者之间的一个相互作用系统,三者的关系揭示出委托事件模型的实质,它们之间的逻辑关系如图 11-15 所示。

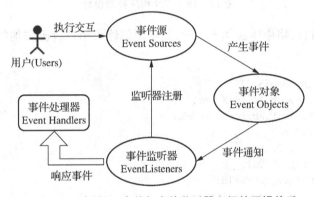

图 11-15　事件源、事件与事件监听器之间的逻辑关系

　　java. awt. event 包中还定义了 11 个监听器接口,每个接口内部包含了若干处理相关事件的抽象方法。一般来说,每个事件类都有一个监听器接口与之相对应,而事件类中的每个具体事件类型都有一个具体的抽象方法与之相对应,当具体事件发生时,这个事件将被封装成一个事件类的对象,作为实际参数传递给与之对应的具体方法,由这个具体方法负责响应并处理发生的事件。例如,与 ActionEvent 类事件对应的接口是 ActionListener,这个接口定义了抽象方法:public void actionPerformed(ActionEvent e);。

　　除了 ActionListener 仅有一个方法,因此只需实现这个方法就可以了,其他监听器接口中往往包含很多个方法,但处理时却只需要完成一个方法而不需要关注其他方法,这就给编程带来了不便。比如由于 WindowListener 接口定义了 7 个抽象方法,因此应用类需要全部实现这些方法,才可使用。事实上,只有响应关闭窗口事件的 windowClosing()方法对用户有意义,必须赋予其一定的功能,而对其余的 6 个方法不需要编写任何代码,因此只需给出空的方法体即可。对于诸如 WindowListener 这一类定义了多个抽象方法的接口,在实际应用中只会用到其中一小部分方法,对于这种情况,Java 系统提供了更好的解决方案,这就是事件适配器 Adapter。

实验内容:创建一个 GUI 程序实现对学生信息的浏览,程序名称 StudentBrowser.java

首先构建如图 11 - 16 所示的界面,并设置按钮的事件监听器,过程同前文,此处不再赘述。

图 11 - 16　GUI 程序界面设计

然后在代码编辑窗格中生成如下代码,其中黑斜体为用户自己添加的,其他代码为系统自动生成的:

```java
package StudentBrowser;
import java.awt.event.ActionEvent;
import java.awt.event.ActionListener;
import java.sql.* ;
import javax.swing.JButton;
import javax.swing.JLabel;
import javax.swing.JTextField;
import javax.swing.SwingUtilities;
import javax.swing.WindowConstants;
import myBean.SqlDB;
public class NewJFrame extends javax.swing.JFrame {
    private JLabel jLabel1;
    private JLabel jLabel2;
    private JLabel jLabel3;
    private JTextField xh;
    private JButton jButton1;
    private JButton jButton2;
    private JTextField xb;
    private JTextField xm;
    SqlDB db=new SqlDB();
    ResultSet rs=null;
    public static void main(String[] args) {
        SwingUtilities.invokeLater(new Runnable() {
            public void run() {
                NewJFrame inst=new NewJFrame();
                inst.setLocationRelativeTo(null);
                inst.setVisible(true);
            }
        });
```

```
}
public NewJFrame() {
    super();
    rs=db.executeQuery("select xh,xm,xb from xs");
    try
    {
    rs.next();
    }
    catch(SQLException e){}
    initGUI();
}
private void initGUI() {
    try {
        setDefaultCloseOperation(WindowConstants.DISPOSE_ON_CLOSE);
        getContentPane().setLayout(null);
        this.setTitle("学生信息浏览");
        {
            jLabel1=new JLabel();
            getContentPane().add(jLabel1);
            jLabel1.setText("学号:");
            jLabel1.setBounds(23, 36, 54, 17);
        }
        {
            jLabel2=new JLabel();
            getContentPane().add(jLabel2);
            jLabel2.setText("姓名:");
            jLabel2.setBounds(23, 70, 54, 17);
        }
        {
            jLabel3=new JLabel();
            getContentPane().add(jLabel3);
            jLabel3.setText("性别:");
            jLabel3.setBounds(23, 107, 54, 17);
        }
        {
            xh=new JTextField();
            getContentPane().add(xh);
            xh.setBounds(89, 33, 114, 24);
            xh.setText(rs.getString("xh"));
        }
        {
            xm=new JTextField();
            getContentPane().add(xm);
            xm.setBounds(89, 67, 114, 24);
            xm.setText(rs.getString("xm"));
        }
        {
            xb=new JTextField();
            getContentPane().add(xb);
```

```
                    xb.setBounds(89, 104, 114, 24);
                      xb.setText(rs.getString("xb"));
                }
                {
                    jButton1=new JButton();
                    getContentPane().add(jButton1);
                    jButton1.setText("上一条");
                    jButton1.setBounds(82, 154, 92, 30);
                    jButton1.addActionListener(new ActionListener() {
                        public void actionPerformed(ActionEvent evt) {
                            jButton1ActionPerformed(evt);
                        }
                    });
                }
                {
                    jButton2=new JButton();
                    getContentPane().add(jButton2);
                    jButton2.setText("下一条");
                    jButton2.setBounds(203, 154, 95, 30);
                    jButton2.addActionListener(new ActionListener() {
                        public void actionPerformed(ActionEvent evt) {
                            jButton2ActionPerformed(evt);
                        }
                    });
                }
                pack();
                this.setSize(386, 247);
            }
        catch (Exception e) {
            //add your error handling code here
            e.printStackTrace();
        }
    }
    private void jButton1ActionPerformed(ActionEvent evt) {
        try
        {
        rs.previous();
        xh.setText(rs.getString("xh"));
        xm.setText(rs.getString("xm"));
        xb.setText(rs.getString("xb"));
        }
        catch(SQLException e){}
    }
    private void jButton2ActionPerformed(ActionEvent evt) {
        try
        {
        rs.next();
        xh.setText(rs.getString("xh"));
        xm.setText(rs.getString("xm"));
```

```
    xb.setText(rs.getString("xb"));
    }
    catch(SQLException e){}
  }
}
```

运行结果如图 11 - 17 所示。

图 11 - 17　StudentBrowser. java 的运行结果

11.5　实践练习

(1) 创建 GUI 程序,了解 Swing 组件的常用方法和功能。

(2) 以 JTable 为例,实现对记录的浏览、添加、删除和更新操作。

第 12 章　Struts 技术

通过本章内容的学习,使读者掌握综合利用 Struts 框架来实现 MVC 系统架构,并实现与 JFreeChart 和 JasperReport 组件的整合,进行图形统计和报表输出。

学习目标:

(1) 掌握 Struts 框架的工作原理。

(2) 掌握 Struts 框架的安装与配置过程。

(3) 掌握如何将 Struts2 框架与 JFreeChart 和 JasperReport 组件整合,用于实战开发。

12.1　Struts 简介

在第 9 章,我们实现了 MVC 架构,用户自定义了 Servlet 并在 Servlet 中嵌入了 JavaBean 和 JSP 页面。MVC 架构表现出代码的高度耦合性,尽管从逻辑上对项目文件类型进行了划分,但仍不便于项目的分工合作以及维护。因此,Struts 框架为我们提供了一个实现 MVC 的基础模型,通过该模型可以将 JSP 页面、JavaBean 和 Servlet 通过 XML 配置文件实现高度的分离,从而便于项目的分工与合作,并且便于维护。

Struts 框架近年来得到了快迅发展,从开始的 Struts1 发展到现在的 Struts2,在功能和使用效率上得到了改进。下面分别介绍 Struts1 和 Struts2 的安装与使用。

12.2　Struts1 框架的安装与应用

Struts1 框架的工作原理如图 12-1 所示,它通过 web.xml 配置信息,将客户端的请求提

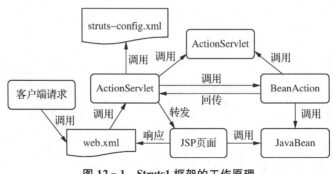

图 12-1　Struts1 框架的工作原理

交给 ActionServlet 来处理,然后通过调用配置文件 struts-config.xml 来实现对 JavaBean 和 JSP 页面的调用与转发。

12.2.1　Struts1 包的安装与配置

(1) 创建项目,将如图 12 - 2 所示的所有包复制到项目的 WEB - INF/lib 目录下, Struts1 包的安装与配置即可完成,这样项目就具备了使用 Struts1 框架的能力。

```
antlr.jar
commons-beanutils.jar
commons-digester.jar
commons-fileupload.jar
commons-logging.jar
commons-validator.jar
jakarta-oro.jar
struts.jar
```

图 12 - 2　Struts1 包

(2) 在 WEB-INF 目录下新建 web.xml 文件如下,将客户端请求以.do 为后缀的 URL 提交给 ActionServlet 处理:

```xml
<?xml version="1.0" encoding="UTF-8"?>
<web-app xmlns:xsi="http://www.w3.org/2001/XMLSchema-instance"
  xmlns="http://java.sun.com/xml/ns/javaee"
  xmlns:web="http://java.sun.com/xml/ns/javaee/web-app_2_5.xsd"
  xsi:schemaLocation="http://java.sun.com/xml/ns/javaee
  http://java.sun.com/xml/ns/javaee/web-app_2_5.xsd"
  id="WebApp_ID" version="2.5">
  <display-name> Sample Struts Application</display-name>
  <servlet>
    <servlet-name>action</servlet-name>
    <servlet-class>org.apache.struts.action.ActionServlet</servlet-class>
  </servlet>
  <servlet-mapping>
    <servlet-name>action</servlet-name>
    <url-pattern>*.do</url-pattern>
  </servlet-mapping>
</web-app>
```

12.2.2　一个简单的示例

实验内容:hello.jsp

```jsp
<%@ page language="java" contentType="text/html;charset=UTF-8"%>
<html>
<head>
<meta http-equiv="Content-Type" content="text/html; charset=UTF-8">
<title> 简单的 struts 应用</title>
</head>
```

```
<body>
<form action="hello.do">
  请单击开始按钮,执行 struts 应用<input type="submit" value="开始">
</form>
</body>
</html>
```

实验内容:welcome.jsp

```
<%@  page language="java" contentType="text/html;charset=UTF-8"
    pageEncoding="UTF-8"%>
<html>
<head>
<meta http-equiv="Content-Type" content="text/html; charset=UTF-8">
<title> struts 应用</title>
</head>
<body>
  hello,这是个简单的 strtus 应用。
</body>
</html>
```

实验内容:HelloAction.java

```
package com.tool;
import javax.servlet.http.HttpServletRequest;
import javax.servlet.http.HttpServletResponse;
import org.apache.struts.action.Action;
import org.apache.struts.action.ActionForm;
import org.apache.struts.action.ActionForward;
import org.apache.struts.action.ActionMapping;
public class HelloAction extends Action {
@Override
public ActionForward execute(ActionMapping mapping, ActionForm form,
HttpServletRequest request, HttpServletResponse response)
throws Exception {return mapping.findForward("success");}
}
```

实验内容:WEB-INF 下的 struts-config.xml 文件

```
<!DOCTYPE struts-config PUBLIC "-//Apache Software Foundation//DTD Struts
Configuration 1.1//EN" "http://jakarta.apache.org/struts/dtds/struts-config_1_1.
dtd">
<struts-config>
<action-mappings>
    <action path="/hello" type="com.tool.HelloAction" scope="request">
        <forward name="success" path="/welcome.jsp"/>
    </action>
</action-mappings>
</struts-config>
```

运行 hello.jsp 页面,点击开始按钮,发送 hello.do 请求,运行结果如图 12-3 所示。

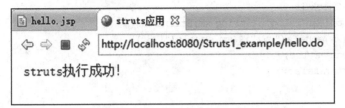

图 12-3　hello. do 的运行结果

12.2.3　客户端的登录验证

实验内容：login. jsp

```
<%@  page language="java" contentType="text/html;charset=UTF-8"%>
<html>
<head>
<title> 登录</title>
</head>
<body>
<form action="login.do">
用户名:<input type="text" name="xm"> <br>
密码:<input type="password" name="mm"> <br>
<input type="submit" value="登录">
</form>
</body>
</html>
```

实验内容：FormBean. java

```
package com.tool;
import org.apache.struts.action.ActionForm;
public class FormBean extends ActionForm {
    private String xm;
    private String mm;
    public String getXm() {
        return xm;
    }
    public void setXm(String xm) {
        this.xm=xm;
    }
    public String getMm() {
        return mm;
    }
    public void setMm(String mm) {
        this.mm=mm;
    }
}
```

实验内容：Check. java

```
package com.tool;
```

```
public classCheck {
    public boolean isLogin(String xm,String mm)
    {    if(xm.equals("xyz")&&mm.equals("123"))
         return true;
         return false;
    }
}
```

实验内容：LoginAction. java

```
package com.tool;
import javax.servlet.http.HttpServletRequest;
import javax.servlet.http.HttpServletResponse;
import org.apache.struts.action.Action;
import org.apache.struts.action.ActionForm;
import org.apache.struts.action.ActionForward;
import org.apache.struts.action.ActionMapping;
public class LoginAction extends Action {
    @Override
public ActionForward execute(ActionMapping mapping, ActionForm form,
        HttpServletRequest request, HttpServletResponse response)
        throws Exception {
    FormBean f=(FormBean)form;
    String xm=f.getXm();
    String mm=f.getMm();
    Check ch=new Check();
    if(ch.isLogin(xm, mm))
    return mapping.findForward("success");
    else
        return mapping.findForward("failure");
    }
}
```

实验内容：在 struts－config. xml 文件中添加内容

```
<?xml version="1.0" encoding="UTF-8"?>
<!DOCTYPE struts-config PUBLIC "-//Apache Software Foundation//DTD Struts
Configuration 1.1//EN" "http://jakarta.apache.org/struts/dtds/struts-config_1_1.
dtd">
<struts-config>
<form-beans>
  <form-bean name="formBean" type="com.tool.FormBean"> </form- bean>
</form-beans>
<action-mappings>
    <action path="/hello" type="com.HelloAction" scope="request">
        <forward name="success" path="/welcome.jsp"/>
    </action>
    <action path="/login" type="com.tool.LoginAction"
    name="formBean"
    scope="request">
        <forward name="success" path="/welcome.jsp"/>
```

```
            <forward name="failure" path="/login.jsp"/>
        </action>
    </action-mappings>
</struts-config>
```

运行 login. jsp 页面,输入正确显示 welcome. jsp 页面,否则显示 login. jsp 页面,如图 12 – 4 所示。

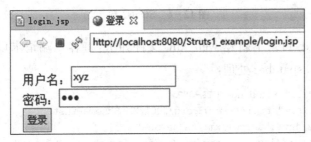

图 12 – 4　login. jsp 页面

12.3　Struts2 框架的安装与应用

Struts2 在 Struts1 的基础上作了进一步的提升,将 FormBean 和动作类 Action 进行了合并,在 Action 类中封装了用户的请求参数。此外,Action 无需再使用继承,实现 ActionForward()方法,而是在 Action 类中自动执行 execute()方法,返回一个普通的字符串"success"或"failure",通过这个字符串在 struts. xml 文件中配置与视图页面之间的关系。Struts2 框架的工作原理如图 12 – 5 所示。

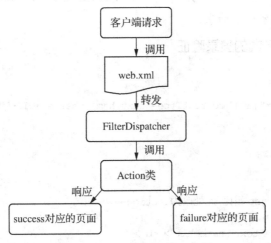

图 12 – 5　Struts2 框架的工作原理

12.3.1　Struts2 包的安装与配置

(1) 创建项目,将如图 12 – 6 所示的所有包复制到项目的 WEB – INF/lib 目录下,

Struts2 包的安装与配置即可完成,这样项目就具备了使用 Struts2 框架的能力。

图 12 - 6　Struts2 包

（2）在 WEB-INF 目录下新建 web. xml 文件如下,将客户端请求以. action 为后缀的 URL 提交给 FilterDispatcher 处理:

```xml
<?xml version="1.0" encoding="UTF-8"?>
<web-app xmlns:xsi="http://www.w3.org/2001/XMLSchema-instance"
  xmlns="http://java.sun.com/xml/ns/javaee"
  xmlns:web="http://java.sun.com/xml/ns/javaee/web-app_2_5.xsd"
  xsi:schemaLocation="http://java.sun.com/xml/ns/javaee
  http://java.sun.com/xml/ns/javaee/web-app_2_5.xsd"
  id="WebApp_ID" version="2.5">
<filter>
  <filter-name>Struts2</filter-name>
  <filter-class>org.apache.struts2.dispatcher.FilterDispatcher</filter-class>
</filter>
<filter-mapping>
    <filter-name>Struts2</filter-name>
    <url-pattern>/*</url-pattern>
</filter-mapping>
</web-app>
```

注意:＜url - pattern＞中定义为/ * ,struts2 默认处理以 * . action 提交的客户端请求, 而不是以 * . do 提交的客户端请求。

12.3.2　重新实现客户端的登录验证

实验内容:login. jsp

```jsp
<%@ page language="java" contentType="text/html;charset=UTF-8"%>
<html>
<head>
<title> 登录</title>
</head>
<body>
<!--与前面的 login.jsp 相比,此处改为.action-->
<form action="login.action">
用户名:<input type="text" name="xm"> <br>
密码:<input type="password" name="mm"> <br>
<input type="submit" value="登录">
</form>
</body>
</html>
```

实验内容：LoginAction. java

```
package com.tool;
public class LoginAction {
    private String xm;
    private String mm;
    public String getXm() {
        return xm;
    }
    public void setXm(String xm) {
        this.xm=xm;
    }
    public String getMm() {
        return mm;
    }
    public void setMm(String mm) {
        this.mm=mm;
    }
    public String execute()
    {//此处 execute()方法无需实现 ActionForward,返回字符串
        Check c=new Check();
        if(c.isLogin(getXm(), getMm()))
            return "success";
        else
            return "failure";
    }
}
```

实验内容：在项目的存放类文件的 src 根目录中新建 struts. xml 文件

```
<! DOCTYPE struts PUBLIC
    "-//Apache Software Foundation//DTD Struts Configuration 2.0//EN"
    "http://struts.apache.org/dtds/struts-2.0.dtd">
<struts>
    <package name="struts2" extends="struts-default">
        <action name="login" class="com.tool.LoginAction">
            <result name="success">/welcome.jsp</result>
            <result name="failure">/login.jsp</result>
        </action>
    </package>
</struts>
```

运行结果如图 12 - 4 所示。

12.3.3　Struts2 框架整合 JFreeChart 组件

首先,需要在项目的 WEB-INF\lib 目录中加入如图 12 - 7 所示的包,这样项目就具备了 Struts2 框架和使用 JFreeChart 组件绘制图形的功能。顺便把 MySQL 的数据库驱动程序也加载进来,以便于访问数据库。在 WEB-INF 目录中创建 web. xml 文件,文件内容同 12.3.1 节中所述。

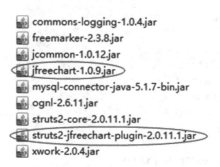

图 12 - 7　Struts2 整合 JFreeChart 的包

　　这里,以在项目中绘制线形图和柱形图来举例说明。线形图用来显示两所大学的教师人数与职称,柱形图用来显示学生的各门课程成绩。

　　在 MySQL 数据库 mydb 中准备如下两张表:学生表(xs)和成绩表(cj),如图 12 - 8 和图 12 - 9 所示,并输入记录。

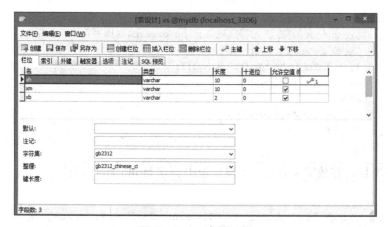

图 12 - 8　xs 表的结构

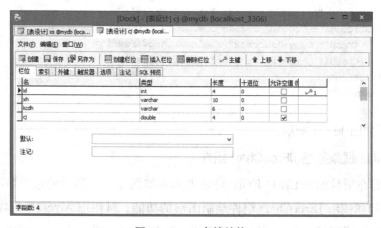

图 12 - 9　cj 表的结构

实验内容:showChart.jsp

```jsp
<%@ page language="java" contentType="text/html;charset=UTF-8"%>
<html>
<head>
<title> struts2 整合 JFreeChart</title>
</head>
<body>
<form action="showChart.action">
  <input type="submit" value="显示线形图">
</form>
<p>
<form action="showCJ.action">
  <input type="submit" value="显示柱形图">
</form>
</body>
</html>
```

实验内容:DBconn.java

```java
package com;
import java.sql.Connection;
import java.sql.DriverManager;
import java.sql.SQLException;
public class DBconn {
    public static Connection getConnection() {
        Connection conn=null;
        try {
            Class.forName("com.mysql.jdbc.Driver");
            String dbUrl="jdbc:mysql://localhost:3306/mydb?useUnicode=true&
characterEncoding=UTF-8";
            String username="root";
            String password="123456";
            conn=DriverManager.getConnection(dbUrl, username, password);
        }
        catch (Exception e) {}
        return conn;
    }
}
```

实验内容:ShowChartAction.java

```java
package com;
import org.jfree.chart.ChartFactory;
import org.jfree.chart.JFreeChart;
import org.jfree.chart.plot.PlotOrientation;
import org.jfree.data.category.DefaultCategoryDataset;
import com.opensymphony.xwork2.ActionSupport;
public class ShowChartAction extends ActionSupport {
    private JFreeChart chart;
    @Override
```

```
public String execute(){
    return SUCCESS;
}
public JFreeChart getChart()
{
    DefaultCategoryDataset dcd=new DefaultCategoryDataset();
    dcd.setValue(800,"清华","讲师");
    dcd.setValue(400,"清华","副教授");
    dcd.setValue(300,"清华","教授");
    dcd.setValue(900,"北大","讲师");
    dcd.setValue(500,"北大","副教授");
    dcd.setValue(200,"北大","教授");
    JFreeChart chart=ChartFactory.createLineChart("学校职称统计表","职称","人员
数量",dcd,
        PlotOrientation.VERTICAL,true,true,true);
    return chart;
}
public void setChart(JFreeChart chart)
{
    this.chart=chart;
}
}
```

实验内容:在项目的存放类文件的 src 根目录中新建 struts.xml 文件

```
<!DOCTYPE struts PUBLIC
    "-//Apache Software Foundation//DTD Struts Configuration 2.0//EN"
    "http://struts.apache.org/dtds/struts-2.0.dtd">
<struts>
    <package name="struts2" extends="jfreechart-default">
        <action name="showChart" class="com.ShowChartAction">
            <result name="success" type="chart">
            <param name="width">400</param>
            <param name="height">200</param>
          </result>
        </action>
    </package>
</struts>
```

注意:<result name="success" type="chart">、<param name="width">400</param>与<param name="height">200</param></result>定义了 Action 动作在页面中的显示结果,显示方式为图形,图形的宽度和高度分别为 400 和 200。运行 showChart.jsp,点击【显示线形图】按钮,结果如图 12-10 所示。

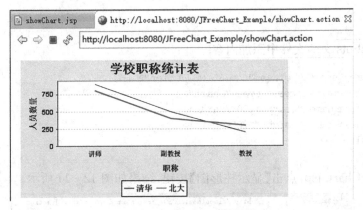

图 12 - 10　JFreeChart 线形图

实验内容：ShowCJAction. java

```java
package com;
import java.sql.ResultSet;
import java.sql.Statement;
import org.jfree.chart.ChartFactory;
import org.jfree.chart.JFreeChart;
import org.jfree.chart.plot.PlotOrientation;
import org.jfree.data.category.DefaultCategoryDataset;
import com.opensymphony.xwork2.ActionSupport;
public class ShowCJAction extends ActionSupport {
    private JFreeChart chart;
    @Override
    public String execute() {
        return SUCCESS;
    }
    public JFreeChart getChart() throws Exception
    {
        DefaultCategoryDataset dcd= new DefaultCategoryDataset();
        String sql="select xs.xh,xm,kcdh,cj from xs,cj where xs.xh=cj.xh";
        Statement stmt=DBconn.getConnection().createStatement();
        ResultSet rs=stmt.executeQuery(sql);
        while(rs.next())
        {
            dcd.setValue(Integer.valueOf(rs.getString("cj")),
                rs.getString("xm"), rs.getString("kcdh"));
        }
         JFreeChart chart=ChartFactory.createBarChart("成绩统计表","课程代号","成
绩",dcd,
                PlotOrientation.VERTICAL,true,true,true);
        return chart;
    }
    public void setChart(JFreeChart chart)
    {
        this.chart= chart;
```

```
        }
    }
```

实验内容：在 struts. xml 文件中添加内容

```xml
<action name="showCJ" class="com.ShowCJAction">
    <result name="success" type="chart">
        <param name="width">400</param>
        <param name="height">200</param>
    </result>
</action>
```

运行 showChart. jsp，点击【显示柱形图】按钮，结果如图 12 - 11 所示。

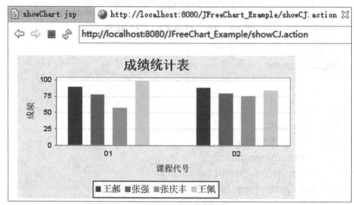

图 12 - 11   JFreeChart 柱形图

12.3.4   Struts2 框架整合 JasperReport 组件

新建项目，在项目的 WEB-INF\lib 目录中加入如图 12 - 12 所示的包，这样项目就具备了 Struts2 框架和使用 JasperReport 组件显示报表的功能。在 WEB-INF 目录中创建 web. xml文件，文件内容同 12.3.1 节中所述。

图 12 - 12   struts2 整合 JasperReport 的包

下面以用 PDF 格式的报表显示 MySQL 数据库 mydb 中的学生表(xs)信息来举例说明。

首先需要为 xs 表创建对应的类,属性和表中字段对应,并生成相应的 get 和 set 方法。

实验内容:Xs.java

```
package com;
public class Xs {
    private String xh;
    private String xm;
    private String xb;
    public Xs(String xh,String xm,String xb)
    {
        this.xh= xh;
        this.xm= xm;
        this.xb= xb;
    }
    public String getXh() {
        return xh;
    }
    public void setXh(String xh) {
        this.xh =  xh;
    }
    public String getXm() {
        return xm;
    }
    public void setXm(String xm) {
        this.xm =  xm;
    }
    public String getXb() {
        return xb;
    }
    public void setXb(String xb) {
        this.xb =  xb;
    }
}
```

这里,为了简化报表的设计,使用了 iReport,一切变得简单而轻松。iReport 报表设计工具通过可视化的方式来简化报表设计。本教程使用的是 iReport5.2.0 版本。将安装文件解压到 D 盘根目录后,生成如图 12-13 所示的目录,即可完成安装。

图 12-13　iReport 工具包的目录

进入 bin 目录,运行 iReport. exe 文件,打开 iReport,将看到如图 12-14 所示的主界面。

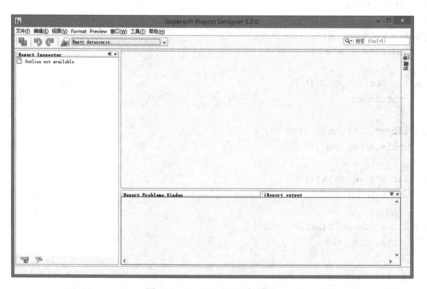

图 12-14　iReport 主界面

在主界面中依次点击【文件】→【New】,打开如图 12-15 所示的对话框,选择【Report】→【Blank A4】模板,然后点击【Open this Template】按钮,打开报表名称和位置定义对话框,如图 12-16 所示。

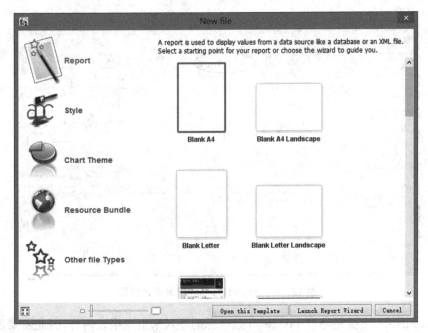

图 12 - 15　选择报表模板

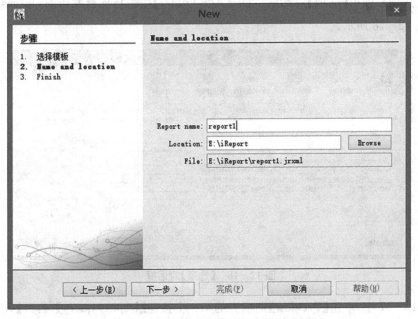

图 12 - 16　报表名称和位置定义对话框

　　在图 12 - 16 中定义报表文件名以及保存位置,点击【下一步】按钮,进入完成对话框,点击【完成】按钮,弹出如图 12 - 17 所示的 report1. jrxml 报表设计界面。

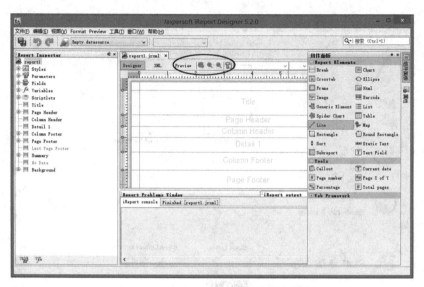

图 12-17　report1.jrxml 报表设计界面

在 iReport 中,主要是通过 JavaBean 数据源的导入来生成报表内容,因此需要告诉 iReport 该 JavaBean 数据源存放在什么地方,以便于报表的查找。在报表设计界面中依次点击【工具】→【选项】,弹出【选项】对话框,点击【Add Folder】按钮将项目发布的 classes 目录添加进来,如图 12-18 所示。

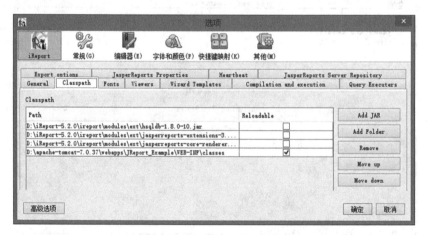

图 12-18　【选项】对话框

在图 12-17 中,点击【Preview】选项旁的第一个按钮【Report query】,打开【Report query】对话框,如图 12-19 所示,选择【JavaBean DataSource】选项卡,在【Class name】文本框中输入"comXs",点击【Read attributes】按钮,将显示类中的属性,选择需要的属性后点击【Add selected fields(s)】按钮将其添加到下面的字段列表中,单击【OK】按钮,进入如图 12-20 所示的界面。

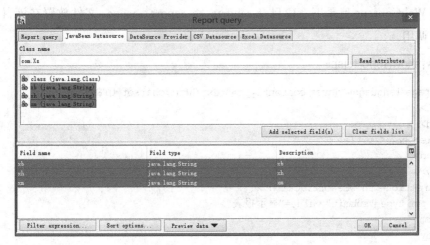

图 12 - 19　【Report query】对话框

在图 12 - 20 中可以看到,【Fields】节点下多出了 xh、xm 和 xb 三个字段,将其拖放到报表的 Detail 区域,即可完成数据的显示。在组件面板中选择其他组件添加到相应的带区,将报表设计完整。

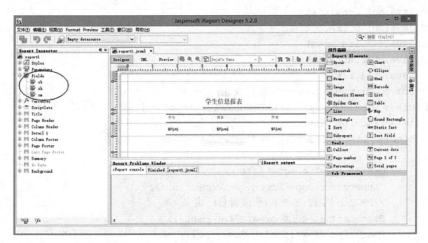

图 12 - 20　生成 report1. jrxml 报表

注意:对于 PDF 格式的报表,默认只能显示英文字符,要显示中文字符,需要对相应组件属性做如图 12 - 21 所示的设置。

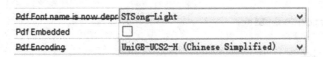

图 12 - 21　设置 PDF 格式属性

报表设置完成后需要进行编译,点击图 12 - 17 中【Preview】选项旁的第 4 个按钮【Compile Report】来编译该报表,编译完成后会在当前目录中生成报表编译文件 report1. jasper。

在项目的 WebContent 目录下新建目录 reports,将 report1. jasper 文件放置在该目录中,以备 Struts 调用。

实验内容:showReport. jsp

```jsp
<%@  page language="java" contentType="text/html;charset=UTF-8"%>
<html>
<head>
<title> 报表</title>
</head>
<body>
<form action="showReport.action">
  <input type="submit" value="显示报表">
</form>
</body>
</html>
```

实验内容:ShowReportAction. jsp

```java
package com;
import java.sql.Connection;
import java.sql.DriverManager;
import java.sql.ResultSet;
import java.sql.SQLException;
import java.sql.Statement;
import java.util.ArrayList;
import java.util.List;
import com.opensymphony.xwork2.ActionSupport;
public class ShowReportAction extends ActionSupport {
    private List userList;
        public List getUserList() throws Exception
        {
            String sql="select *  from xs";
            Connection conn=DBconn.getConnection();
            //DBConn 同 12.3.3 节,请读者自己定义
            Statement st=conn.createStatement();
            ResultSet rs=st.executeQuery(sql);
            userList=new ArrayList();
            while(rs.next())
            {
                userList.add(new Xs(rs.getString("xh"),rs.getString("xm"),
rs.getString("xb")));
            }
            return userList;
        }
        @Override
        public String execute() throws Exception {
            return SUCCESS;
        }
    }
}
```

实验内容:在项目的存放类文件的 src 根目录中新建 struts.xml 文件

```
<!DOCTYPE struts PUBLIC
    "-//Apache Software Foundation//DTD Struts Configuration 2.0//EN"
    "http://struts.apache.org/dtds/struts-2.0.dtd">
<struts>
    <package name="struts2" extends="jasperreports-default">
        <action name="showReport" class="com.ShowReportAction">
            <result name="success" type="jasper">
                <param name="location"> reports/report1.jasper</param>
                <param name="format">PDF</param>
                <param name="dataSource">userList</param>
            </result>
        </action>
    </package>
</struts>
```

运行 showReport.jsp,点击【显示报表】按钮,结果如图 12-22 所示。

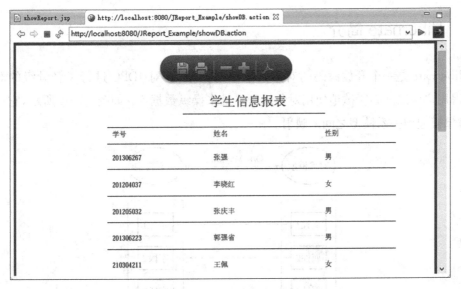

图 12-22　报表输出结果

12.4　实践练习

(1) 在 MySQL 数据库 mydb 中创建用户表(yh),使用 Struts 框架来实现用户表中用户名和密码的登录验证,登录成功进入 welcome.jsp 页面,否则重新登录,进入 login.jsp 页面。

(2) 创建商品表(sp),字段包含商品编号(spbh)、商品名称(spmc)和商品价格(spjg),用柱形图显示各商品的价格。

(3) 为商品表(sp)创建输出报表。

第 13 章　Hibernate 技术

通过本章内容的学习,使读者初步掌握 Hibernate 框架的工作原理,能够利用 Hibernate 框架来实现关系型数据库和 Java 面向对象之间的映射,并实现和 Struts2 框架的整合。

学习目标:

(1) 掌握 Hibernate 框架的工作原理。

(2) 掌握 Hibernate 框架的安装与配置过程。

(3) 掌握通过 Struts2 框架整合 Hibernate 框架来进行实战开发。

13.1　Hibernate 简介

Hibernate 是一个开放源码的对象关系映射框架,它对 JDBC 进行了轻量级的对象封装,使得用户可以随心所欲地使用对象编程思维来操纵数据库。如图 13-1 所示,它可以实现从对象模型到关系模型之间的映射。

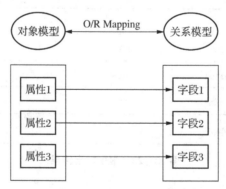

图 13-1　对象/关系映射

13.2　Hibernate 框架的安装与配置

(1) 将如图 13-2 所示的所有包复制到项目的 WEB-INF/lib 目录下,这里在 Struts2 包的基础上增加了 Hibernate 包。本教程使用的版本是 hibernate3.jar,这样项目就具备了使用 Struts 框架和 Hibernate 框架的能力。

图 13 - 2　struts2 整合 Hibernate 的包

（2）在项目的【Java Resouces】目录下的【src】目录中创建 hibernate.cfg.xml 文件,通过该文件配置对数据库的连接信息,即可完成 Hibernate 包的安装与配置。下面以 MySQL 数据库为例来实现 Hibernate 框架的应用:

```
<?xml version="1.0" encoding="UTF-8"?>
<!DOCTYPE hibernate-configuration PUBLIC
"-//Hibernate/Hibernate Configuration DTD 3.0//EN"
"http://hibernate.sourceforge.net/hibernate-configuration-3.0.dtd">
<hibernate-configuration>
<session-factory name="foo">
<property
name="hibernate.connection.driver_class">com.mysql.jdbc.Driver</property>
<property name="hibernate.connection.url">
    jdbc:mysql://localhost:3306/mydb? useUnicode=true&characterEncoding=UTF-8
</property>
<property name="hibernate.connection.username">root</property>
<property name="hibernate.connection.password">123456</property>
<property name="hibernate.dialect">org.hibernate.dialect.MySQLDialect</property>
<property name="show_sql">true</property>
</session-factory>
</hibernate-configuration>
```

13.3　一个纯 Hibernate 应用的示例

实验内容:在数据库中设计表 user

在数据库 mydb 中创建用户表 user,结构如图 13 - 3 所示。

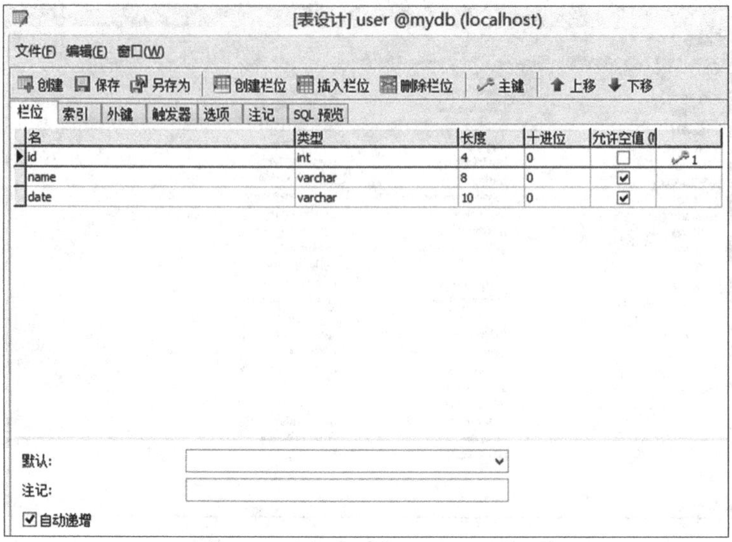

图 13-3　user 表的结构

实验内容：在 com. test 包中新建 User. java

```
package com.test;
import java.util.* ;
public class User {
    private int id;
    private String name;
    privateString date;
    public int getId() {
    return id;
    }
    public void setId(int id) {
    this.id=id;
    }
    public String getName() {
    return name;
    }
    public void setName(String name) {
    this.name=name;
    }
    publicString getDate() {
    return date;
    }
    public void setDate(String date) {
    this.date=date;
    }
}
```

实验内容：在 com. test 包中创建映射文件 User. hbm. xml

```
<?xml version="1.0" encoding="UTF-8"?>
```

```
<!DOCTYPE hibernate-mapping PUBLIC
"-//Hibernate/Hibernate Mapping DTD 3.0//EN"
"http://hibernate.sourceforge.net/hibernate-mapping-3.0.dtd">
<hibernate-mapping package="com.test">
<class name="User">
<id name="id">
  <generator class="native"/>
</id>
  <property name="name"> </property>
  <property name="date"> </property>
</class>
</hibernate-mapping>
```

注意：在＜generator class＝"native"/＞中，native 表示该属性由系统自动赋值，如果为 assigned 则表示需要用户手动赋值。

在 13.2 节中创建的 hibernatecfgxml 文件的＜session-factory＞标记内添加 Userhbm.xml 映射文件，代码如下：

```
<mapping resource= "com/test/User.hbm.xml"/>
```

实验内容：test. jsp

```
<%@  page language="java" contentType="text/html;charset=UTF-8"%>
<%@  page import="java.util.*,org.hibernate.*,org.hibernate.cfg.Configuration,com.
test.User"%>
<html>
<head>
<title>hello</title>
<body>
<%
  Configuration cf=new Configuration();
  cf.configure();
  SessionFactory sf=cf.buildSessionFactory();
  Session s=sf.openSession();
  Query query=s.createQuery("from User");
  List l=query.list();
  Iterator it=l.iterator();
  while(it.hasNext())
  {
  User x=(User)it.next();
  out.println(x.getName()+" "+x.getDate());
  out.println("<br>");
  }
  s.close();
%>
</body>
</html>
```

运行 test. jsp，显示结果如图 13－4 所示。

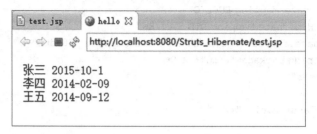

图 13-4　test.jsp 的运行结果

13.4　Struts 框架整合 Hibernate 框架

13.2 节中已经介绍了 Struts 整合 Hibernate 的包的安装与配置,现需要在 WEB-INF 目录中创建 web.xml 文件,内容同 12.3.1 节中所述。

现以 12.3.3 节中的 xs 表为例,描述如何通过 Struts 框架整合 Hibernate 框架来实现对数据表的查询、插入、删除和更新操作。

一个好的应用应该具有良好的分层架构。对于该应用,如图 13-5 所示,表示层主要负责和用户的交互,并能够通过业务层实现用户的操作;业务层又通过持久层的持久化操作实现对数据层的访问;数据层 xs 表和持久化类 Xs 之间的对应关系通过 Hibernate 框架来映射,Struts 框架则用来组织各表示层和业务层之间的对应关系。

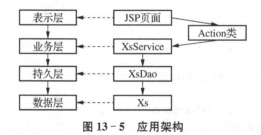

图 13-5　应用架构

实验内容:创建持久化类,程序名称 Xs.java

```
package po;
public class Xs {
    private String xh;
    private String xm;
    private String xb;
    public String getXh() {
        return xh;
    }
    public void setXh(String xh) {
        this.xh=xh;
    }
    public String getXm() {
```

```
            return xm;
        }
    public void setXm(String xm) {
            this.xm=xm;
        }
    public String getXb() {
            return xb;
        }
    public void setXb(String xb) {
            this.xb=xb;
        }
    }
```

实验内容:建立持久化类 Xs 和表之间的映射,程序名称 Xs. hbm. xml

```
<?xml version="1.0" encoding="UTF-8"?>
<! DOCTYPE hibernate-mapping PUBLIC
"-//Hibernate/Hibernate Mapping DTD 3.0//EN"  "http://hibernate.sourceforge.net/
hibernate-mapping-3.0.dtd">
<hibernate-mapping package="po">
<class name="Xs">
<id name="xh">
  < generator class="assigned"/>
</id>
  <property name="xm"> </property>
  <property name="xb"> </property>
</class>
</hibernate-mapping>
```

在 13.2 节中创建的 hibernate.cfg.xml 文件的＜session‐factory＞标记内添加 Xs.hbm.xml
映射文件,代码如下:

```
        <mapping resource="po/Xs.hbm.xml"/>
```

实验内容:创建 Hibernate 工具类,程序名称 HibernateUtil. java

```
package util;
import org.hibernate.Session;
import org.hibernate.SessionFactory;
import org.hibernate.cfg.Configuration;
public class HibernateUtil {
    private static SessionFactory factory;
    static
    {
        //读取配置文件 hibernate.cfg.xml
        Configuration cfg=new Configuration().configure();
        //创建 SessionFactory
        factory=cfg.buildSessionFactory();
    }
    public static SessionFactory getFactory() {
        return factory;
    }
```

```
public static Session getSession()
{//创建事务
    return factory.openSession();
}
public static void closeSession(Session session)
{
    session.close();
}
}
```

实验内容：创建持久层操作接口，程序名称 XsDao.java

```
package dao;
import java.util.List;
import po.Xs;
public interface XsDao {
    public void add(Xs xs);
    public void delete(String xh);
    public void update(Xs xs);
    public List queryAll();
    public Xs queryByXh(String xh);
}
```

实验内容：创建持久层操作实现类，程序名称 XsDaoImpl.java

```
package dao;
import java.util.Iterator;
import java.util.List;
import org.hibernate.Query;
import org.hibernate.Session;
import po.Xs;
import util.HibernateUtil;
public class XsDaoImpl implements XsDao {
    @Override
    public void add(Xs xs) {
        Session session=HibernateUtil.getSession();//创建 session
        session.beginTransaction();//开启事务
        session.save(xs);//保存数据
        session.getTransaction().commit();//提交事务
        HibernateUtil.closeSession(session);//关闭事务
    }
    @Override
    public void delete(String xh) {
        Session session=HibernateUtil.getSession();
        session.beginTransaction();
        String hql="delete Xs where id=?";
        Query q=session.createQuery(hql);
        q.setString(0,xh);
        q.executeUpdate();
        session.getTransaction().commit();
        HibernateUtil.closeSession(session);
```

```
    }
    @Override
    public void update(Xs xs) {
        Session session=HibernateUtil.getSession();
        session.beginTransaction();
        session.update(xs);
        session.beginTransaction().commit();
        HibernateUtil.closeSession(session);
    }
    @Override
    public List queryAll() {
        Session session=HibernateUtil.getSession();
        String hql="from Xs";
        Query q=session.createQuery(hql);
        List list=q.list();
        HibernateUtil.closeSession(session);
        return list;
    }
    @Override
    public Xs queryByXh(String xh) {
        Session session=HibernateUtil.getSession();
        String hql="from Xs where xh=?";
        Query q=session.createQuery(hql);
        q.setString(0, xh);
        List list=q.list();
        Xs xs=null;
        Iterator iter=list.iterator();
        if(iter.hasNext())
        {
        xs=(Xs)iter.next();
        }
        HibernateUtil.closeSession(session);
        return xs;
    }
}
```

实验内容：创建持久层工厂类，程序名称 DaoFactory.java

```
package factory;
import dao.XsDao;
import dao.XsDaoImpl;
public class DaoFactory {
    public static XsDao getDaoInstance()
    {
        return new XsDaoImpl();
    }
}
```

这样，程序中需要用到 XsDao 功能，可以直接通过 DaoFactory.getDaoInstance()方法
返回一个 XsDaoImpl 实例，简化了程序的调用。

实验内容：创建业务层操作接口，程序名称 XsService.java

```java
package service;
import java.util.List;
import po.Xs;
public interface XsService {
    public void addXs(Xs xs);
    public void deleteXs(String xh);
    public void updateXs(Xs xs);
    public List queryAllXs();
    public Xs queryXsByXh(String xh);
}
```

实验内容：创建业务层操作实现类，程序名称 XsServiceImpl.java

```java
package service;
import java.util.List;
import po.Xs;
import dao.XsDao;
import factory.DaoFactory;
public class XsServiceImpl implements XsService {
    @Override
    public void addXs(Xs xs) {
        XsDao dao=DaoFactory.getDaoInstance();
        if(dao.queryByXh(xs.getXh())==null)
        {
            dao.add(xs);
        }
        else
        {
            System.out.println("id已经存在!");
        }
    }
    @Override
    public void deleteXs(String xh) {
        XsDao dao=DaoFactory.getDaoInstance();
        if(dao.queryByXh(xh)!=null)
        {
            dao.delete(xh);
        }
        else
        {
            System.out.println("id不存在!");
        }
    }
    @Override
    public void updateXs(Xs xs) {
        XsDao dao=DaoFactory.getDaoInstance();
        if(dao.queryByXh(xs.getXh())!=null)
        {
            dao.update(xs);
```

```
        }
        else
        {
            System.out.println("id不存在!");
        }

    }
    @Override
    public List queryAllXs() {
        XsDao dao=DaoFactory.getDaoInstance();
        return dao.queryAll();
    }
    @Override
    public Xs queryXsByXh(String xh) {
        XsDao dao=DaoFactory.getDaoInstance();
        return dao.queryByXh(xh);
    }
}
```

实验内容：创建业务层工厂类，程序名称 ServiceFactory. java

```
package factory;
import service.XsService;
import service.XsServiceImpl;
public class ServiceFactory {
    public static XsService getServiceInstance()
    {
        return new XsServiceImpl();
    }
}
```

这样，程序中需要用到 XsService 功能，可以直接通过 ServiceFactory. getServiceInstance()方法返回一个 XsServiceDaoImpl 实例，简化了程序的调用。

实验内容：创建表示层，程序名称 login. jsp

```
<%@ page language= "java" contentType= "text/html;charset=UTF-8"%>
<html>
<head>
<title> 登录</title>
</head>
<body>
<form action="showXs.action">
<input type="submit" value="显示学生信息">
</form>
</body>
</html>
```

实验内容：创建 showXs. action 对应的处理类，程序名称 ShowAllXsAction. java

```
package action;
import java.util.List;
```

```
import org.apache.struts2.ServletActionContext;
import service.XsService;
import com.opensymphony.xwork2.ActionSupport;
import factory.ServiceFactory;
public class ShowAllXsAction extends ActionSupport {
    @Override
    public String execute() throws Exception {
        XsService xs=ServiceFactory.getServiceInstance();
        List all=xs.queryAllXs();
        //将所有学生 List 存储在 request 范围对象中
        ServletActionContext.getRequest().setAttribute("all",all);
        return SUCCESS;
    }
}
```

实验内容：创建 ShowAllXsAction 处理结果显示视图，程序名称 showXs.jsp

```
<%@ page language="java" contentType="text/html;charset=UTF-8"%>
<%@ page import="java.util.*,po.*,org.apache.struts2.ServletActionContext"%>
<html>
<head>
<title> 学生信息列表</title>
</head>
<body>
<%
  List list=(List)ServletActionContext.getRequest().getAttribute("all");
  Iterator it=list.iterator();
%>
<center>
  <table border="1">
  <tr>
  <th> 学生学号</th><th> 学生姓名</th><th> 学生性别</th>
  <th> 是否删除</th><th> 是否修改</th>
  </tr>

    <% while(it.hasNext())
    {
        Xs xs=(Xs)it.next();
        String xh=xs.getXh();
        String xm=xs.getXm();
        String xb=xs.getXb();
    %>
    <tr>
    <td><%=xh%></td>
    <td><%=xm%></td>
    <td><%=xb%></td>
    <td><a href="delete.action?xh=<%=xh%>"> 删除</a></td>
    <td><a href="update.jsp?xh=<%=xh%>&xm=<%=xm%>&xb=<%=xb%>">修改</a></td>
    </tr>
    <% } %>
  </table>
```

```
    <a href="add.jsp"> 添加学生</a>
    </center>
</body>
</html>
```

实验内容:在 struts. xml 文件中定义 ShowAllXsAction 和视图之间的对应关系

```xml
<? xml version="1.0" encoding="UTF-8" ?>
<! DOCTYPE struts PUBLIC
    "-//Apache Software Foundation//DTD Struts Configuration 2.0//EN"
    "http://struts.apache.org/dtds/struts-2.0.dtd">
<struts>
    <package name="struts2" extends="struts-default">
        <!--定义 showXs 的 Action,其实现类为 action.ShowAllXsAction-->
        <action name="showXs" class= "action.ShowAllXsAction">
            <!--定义处理结果与视图资源之间的关系-->
            <result name="success"> /showXs.jsp</result>
        </action>
    </package>
</struts>
```

运行 login. jsp,点击【显示学生信息】按钮,显示如图 13 - 6 所示的结果。

图 13 - 6　showXs. action 的显示结果

实验内容:创建表示层,程序名称 add. jsp

```jsp
<%@  page language="java" contentType="text/html;charset=UTF-8"%>
<html>
<head>
<title> 添加</title>
</head>
<body>
<form action="add.action">
xh:<input type="text" name="xh"> <br>
xm:<input type="text" name="xm"> <br>
xb:<input type="text" name="xb"> <br>
<input type="submit" value="添加">
</form>
</body>
```

```
</html>
```

实验内容:创建 add. action 对应的处理类,程序名称 AddAction. java

```java
package action;
import po.Xs;
import service.XsService;
import com.opensymphony.xwork2.ActionSupport;
import factory.ServiceFactory;
public class AddAction extends ActionSupport {
    private String xh;
    private String xm;
    private String xb;
    public String getXh() {
        return xh;
    }
    public void setXh(String xh){
        this.xh=xh;
    }
    public String getXm() {
        return xm;
    }
    public void setXm(String xm) {
        this.xm=xm;
    }
    public String getXb() {
        return xb;
    }
    public void setXb(String xb) {
        this.xb=xb;
    }
    public String execute()
    {
        XsService xsService=ServiceFactory.getServiceInstance();
        Xs xs=new Xs();
        xs.setXh(xh);
        xs.setXm(xm);
        xs.setXb(xb);
        xsService.addXs(xs);
        return SUCCESS;
    }
}
```

实验内容:在 struts. xml 文件中添加 addAction 和视图之间的对应关系

```xml
<!--定义 add 的 Action,其实现类为 action.AddAction-->
<action name="add" class="action.AddAction">
    <!--定义处理结果与视图资源之间的关系-->
    <result name="success" type="redirect">showXs.action</result>
</action>
```

注意:在<result name="success" type="redirect">中,type="redirect"不能少,其指

定结果为重定向,再次发送 showXs. action 请求。读者自己运行一下,看看效果吧!

实验内容:创建 delete. action 对应的处理类,程序名称 AddAction. java

```java
package action;
import service.XsService;
import com.opensymphony.xwork2.ActionSupport;
import factory.ServiceFactory;
public class DeleteAction extends ActionSupport {
    private String xh;
    public String getXh() {
        return xh;
    }
    public void setXh(String xh) {
        this.xh=xh;
    }
    public String execute()
    {
        XsService xsService=ServiceFactory.getServiceInstance();
        xsService.deleteXs(xh);
        return SUCCESS;
    }
}
```

实验内容:在 struts. xml 文件中添加 DeleteAction 和视图之间的对应关系

```xml
<!--定义 delete 的 Action,其实现类为 action.DeleteAction-->
<action name="delete" class= "action.DeleteAction">
    <!--定义处理结果与视图资源之间的关系-->
    <result name="success" type="redirect">showXs.action</result>
</action>
```

实验内容:创建表示层,程序名称 update. jsp

```jsp
<%@  page language="java" contentType="text/html;charset=UTF-8"%>
<html>
<head>
<title> 更新</title>
</head>
<%
  String xh=request.getParameter("xh");
  String xm=request.getParameter("xm");
  String xb=request.getParameter("xb");
%>
<body>
<form action="update.action">
xh:<input type="text" name="xh" value=<%=xh%>><br>
xm:<input type="text" name="xm" value=<%=xm%>><br>
xb:<input type="text" name="xb" value=<%=xb%>><br>
<input type="submit" value="修改">
</form>
</body>
```

```
</html>
```

实验内容：创建 update.action 对应的处理类，程序名称 UpdateAction.java

```java
package action;
import po.Xs;
import service.XsService;
import com.opensymphony.xwork2.ActionSupport;
import factory.ServiceFactory;
public class UpdateAction extends ActionSupport {
    private String xh;
    private String xm;
    private String xb;
    public String getXh() {
        return xh;
    }
    public void setXh(String xh) {
        this.xh=xh;
    }
    public String getXm() {
        return xm;
    }
    public void setXm(String xm) {
        this.xm=xm;
    }
    public String getXb() {
        return xb;
    }
    public void setXb(String xb) {
        this.xb=xb;
    }
    public String execute()
    {
        XsService xsService= ServiceFactory.getServiceInstance();
        Xs xs=new Xs();
        xs.setXh(xh);
        xs.setXm(xm);
        xs.setXb(xb);
        xsService.updateXs(xs);
        return SUCCESS;
    }
}
```

实验内容：在 struts.xml 文件中添加 UpdateAction 和视图之间的对应关系

```xml
<!--定义 update 的 Action,其实现类为 action.UpdateAction-->
<action name= "update" class= "action.UpdateAction">
    <!--定义处理结果与视图资源之间的关系-->
    <result name="success" type="redirect">showXs.action</result>
</action>
```

13.5　实践练习

通过 Struts 框架整合 Hibernate 框架实现对图书表(包含书号、书名、作者、出版社、出版日期、价格字段)的插入、删除、修改和查询操作。

第 14 章　Spring 技术

通过本章内容的学习,使读者初步掌握 Spring 框架的工作原理,能够利用 Spring 框架整合 Struts 框架和 Hibernate 框架,构建基于 SSH(Struts＋Spring＋Hibernate)框架的应用。

学习目标:

(1) 掌握 Spring 框架的工作原理。

(2) 掌握通过 Spring 框架整合 Struts 框架来进行实战开发。

(3) 掌握通过 Spring 框架整合 Struts 和 Hibernate 框架来进行实战开发。

14.1　Spring 简介

Spring 是一个开源框架,由 Rod Johnson 创建。Spring 框架是为了解决企业应用开发的复杂性而创建的,其主要优势之一就是其分层架构,它允许用户选择使用哪一个组件,同时为 J2EE 应用程序开发提供集成的框架。Spring 包含两个核心的技术:IoC 和 AOP。

IoC 的全称是 Inversion of Control,中文翻译为反向控制或者逆向控制。Spring 把依赖的对象注入相应的工厂类,需要的时候再从类工厂中调用。典型的应用代码如下:

```
ClassPathResource cpr= new ClassPathResource("beans.xml");//查找类管理配置文件
XmlBeanFactory factory= new XmlBeanFactory(cpr);//创建类工厂
Person t=(Person)factory.getBean("teacher");//从工厂中获取实例
```

AOP 的全称是 Aspect Oriented Programming,中文翻译为面向切面编程,它和 IoC 进行互补,通过预编译方式和运行时动态代理实现程序功能的统一维护。利用 AOP 可以对业务逻辑的各个部分进行隔离,从而使得业务逻辑各部分之间的耦合度降低,提高程序的可重用性,同时提高了开发的效率。例如,假设在 Teacher 类中封装了对 Student 类的引用,为了实现 Teacher 类和 Student 类的高度分离,可在 teacher 对象中注入 student 对象,这与面向对象编程的封装不同,这里是对类中的业务单元(切面)进行编程,从而使得 student 对象的注入得以实现,如下所示:

```
<!--创建 Student 实例-->
<bean id="student" class="demo.Student">
  <property name="name">
    <value> 张三</value>
  </property>
```

```
</bean>
<!--创建 Teacher 实例-->
<bean id="teacher" class="demo.Teacher">
  <property name="name">
    <value> 李强< /value>
  </property>
  <property name="student">
    <ref bean="student"/>
  </property>
</bean>
```

14.1.1　Spring 框架的安装

将如图 14 - 1 所示的所有包复制到项目的 WEB - INF/lib 目录下,这里在 Struts2 包的基础上增加了 Hibernate 包和 Spring 包。

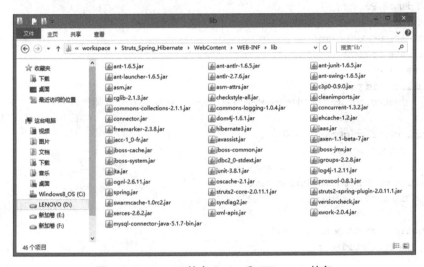

图 14 - 1　struts2 整合 Spring 和 Hibernate 的包

14.1.2　Spring 框架的应用

下面的程序通过 Spring 框架来生成 Java 的实例,以 beans.xml 来管理需要用到的 Java 类,在类中通过 AOP 技术注入成员属性的值,然后在应用中通过 IoC 技术实现类的调用。

实验内容:接口 Person.java

```
package demo;
public interface Person {
    public void print();
}
```

实验内容:实现类 Student.java

```
package demo;
public class Student implements Person {
    private String name;
```

```
    @Override
    public void print() {
        System.out.println("我是学生:"+ name);
    }
    public String getName() {
        return name;
    }
    public void setName(String name) {
        this.name=name;
    }
}
```

实验内容:实现类 Teacher.java

```java
package demo;
import demo3.Person;
public class Teacher implements Person {
    private String name;
    private Student student;
    @Override
    public void print() {
        System.out.println(name+"是"+student.getName()+"老师!");
    }
    public String getName() {
        return name;
    }
    public void setName(String name) {
        this.name=name;
    }
    public Student getStudent() {
        return student;
    }
    public void setStudent(Student student) {
        this.student=student;
    }
}
```

实验内容:组件工厂配置文件 beans.xml

```xml
<?xml version="1.0" encoding="UTF-8"?>
<beans
    xmlns="http://www.springframework.org/schema/beans"
    xmlns:xsi="http://www.w3.org/2001/XMLSchema-instance"
    xsi:schemaLocation="http://www.springframework.org/schema/beans
    http://www.springframework.org/schema/beans/spring-beans-2.0.xsd">
    <!--创建 Student 实例-->
    <bean id= "student" class="demo.Student">
      <property name="name">
        <value> 张三</value>
      </property>
    </bean>
```

```
    <!--创建 Teacher 实例-->
    <bean id="teacher" class="demo.Teacher">
      <property name="name">
        <value> 李强</value>
      </property>
      <property name="student">
        <ref bean="student"/>
      </property>
    </bean>
</beans>
```

实验内容：应用程序 Test.java

```
package demo;
import org.springframework.beans.factory.xml.XmlBeanFactory;
import org.springframework.core.io.ClassPathResource;
public class Test {
    public static void main(String[] args) {
        ClassPathResource cpr=new ClassPathResource("beans.xml");
        XmlBeanFactory factory=new XmlBeanFactory(cpr);
        Person t=(Person)factory.getBean("teacher");
        t.print();
    }
}
```

程序 Test.java 的运行结果如图 14－2 所示。

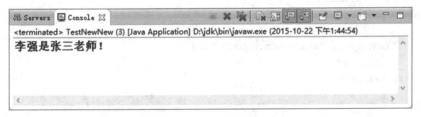

图 14－2　Test.java 的运行结果

14.2　Spring 框架整合 Struts 框架的应用

项目的 WEB-INF 目录下的 web.xml 文件需要做一些修改，添加 Listener 监听器，使得 Web 应用启动时会自动查找 WEB-INF 目录下的 applicationContext.xml 配置文件，并根据 该配置文件来创建 Spring 容器。下面以客户端的用户名和密码验证为例，通过 Spring 框架 和 Struts 框架整合来完成系统的架构。

实验内容：login.jsp

```
<%@ page language="java" contentType="text/html;charset=UTF-8"%>
<html>
<head>
```

```
<title> login</title>
</head>
<body>
<form action="login.action">
用户名:<input type="text" name="xm"> <br>
密码:<input type="password" name="mm"> <br>
<input type="submit" value="登录">
</form>
</body>
</html>
```

实验内容:welcome.jsp

```
<%@  page language="java" contentType="text/html;charset=UTF-8"%>
<html>
<head>
<title> success</title>
</head>
<body>
Spring 执行成功!
</body>
</html>
```

实验内容:LoginCheck.java

```
package service;
public class LoginCheck {
    public boolean isLogin(String xm,String mm)
    {
        if(xm.equals("xyz")&&mm.equals("123"))
            return true;
        return false;
    }
}
```

实验内容:LoginAction.java

```
package com;
import service.LoginCheck;
public class LoginAction {
    private String xm;
    private String mm;
    private LoginCheck lc;
    public String getXm() {
        return xm;
    }
    public void setXm(String xm) {
        this.xm=xm;
    }
    public String getMm() {
        return mm;
    }
}
```

```
    public void setMm(String mm) {
        this.mm=mm;
    }
    public LoginCheck getLc() {
        return lc;
    }
    public void setLc(LoginCheck lc) {
        this.lc=lc;
    }
    public String execute()
    {
        if(lc.isLogin(getXm(), getMm()))
        return "success";
        else
            return "failure";
    }
}
```

实验内容：在 WEB－INF 目录中配置 web.xml

```
<?xml version="1.0" encoding="UTF-8"?>
<web-app xmlns:xsi=http://www.w3.org/2001/XMLSchema-instance
xmlns="http://java.sun.com/xml/ns/javaee"
xmlns:web="http://java.sun.com/xml/ns/javaee/web-app_2_5.xsd"
xsi:schemaLocation="http://java.sun.com/xml/ns/javaee
http://java.sun.com/xml/ns/javaee/web-app_2_5.xsd" version="2.5">
  <filter>
    <filter-name>struts2</filter-name>
    <filter-class>
    org.apache.struts2.dispatcher.FilterDispatcher
    </filter-class>
  </filter>
  <filter-mapping>
    <filter-name>struts2</filter-name>
    <url-pattern>/* </url-pattern>
  </filter- mapping>
  <listener>
    <listener-class> org.springframework.web.context.ContextLoaderListener
    </listener-class>
  </listener>
</web-app>
```

实验内容：在 WEB－INF 目录中配置 applicationContext.xml

```
<?xml version="1.0" encoding="UTF-8"?>
<beans xmlns="http://www.springframework.org/schema/beans"
    xmlns:xsi="http://www.w3.org/2001/XMLSchema-instance"
    xsi:schemaLocation= "http://www.springframework.org/schema/beans
    http://www.springframework.org/schema/beans/spring- beans-2.0.xsd">
    <!--创建业务逻辑组件实例-->
    <bean id="loginCheck" class="service.LoginCheck"> </bean>
```

```
<!--创建控制器实例-->
<bean id="loginAction" class="com.LoginAction">
    <property name="lc" ref="loginCheck"> </property>
</bean>
</beans>
```

实验内容：在项目的存放类文件的 src 根目录中配置 struts. xml

```
<!DOCTYPE struts PUBLIC
    "-//Apache Software Foundation//DTD Struts Configuration 2.0//EN"
    "http://struts.apache.org/dtds/struts-2.0.dtd">
<struts>
    <package name="struts2" extends="struts-default">
        <action name="login" class="loginAction">
            <result name="success">/welcome.jsp</result>
            <result name="failure">/login.jsp</result>
        </action>
    </package>
</struts>
```

运行 login. jsp 页面，输入用户名"xyz"，密码"123"，登录结果如图 14 - 3 所示。

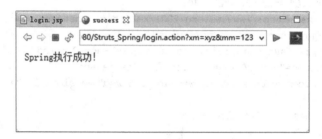

图 14 - 3　login. jsp 的运行结果

　　struts. xml 配置文件中，客户端 login.action 所对应的 Action 将从 applicationContext.xml 配置工厂中去查找相应的实例对象，applicationContext.xml 是 Spring 框架的核心配置文件。

14.3　Spring 框架整合 Struts 和 Hibernate 框架的应用

　　Struts 框架作为系统的整体基础架构，负责 MVC 的分离，Struts 框架的模型部分控制业务跳转，利用 Hibernate 框架对持久层提供支持。Spring 框架一方面作为一个轻量级的 IoC 容器，负责查找、定位、创建和管理对象与对象之间的依赖关系，降低模型之间的耦合度；另一方面能使 Struts 和 Hibernate 框架更好地工作。SSH 整合示意图如图 14 - 4 所示。

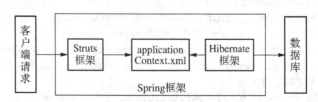

图 14 - 4　SSH 整合示意图

本节将对 13.4 节中的示例做一些修改,基于 SSH 整合的框架既简化了业务逻辑代码,也使得该应用的层次更加简洁明了,耦合度更低,读者可以和 13.4 节中的代码进行比较。

本应用需要为 xs 表新建 Xs 类以及 Xs.hbm.xml 文件,为持久层定义接口 XsDao 以及为业务层定义接口 XsService,这些与 13.4 节的内容相同,此处不再赘述。这里用到了 Spring 框架的核心配置文件 applicationContext.xml 来管理组件,因此不需要再创建 Dao-Factory 和 ServiceFactory 类。另外,通过继承 Spring 框架中的 HibernateDaoSupport 来实现持久层操作,因此也不需要定义 HibernateUtil 类,并简化了 XsDaoImpl 类中的实现代码。

实验内容:修改 XsDaoImpl.java

```java
package dao;
import java.util.Iterator;
import java.util.List;
import org.hibernate.Query;
import org.hibernate.Session;
import org.springframework.orm.hibernate3.support.HibernateDaoSupport;
import po.Xs;
public class XsDaoImpl extends HibernateDaoSupport implements XsDao {
    @Override
    public void add(Xs xs) {
      getHibernateTemplate().save(xs);
    }
    @Override
    public void delete(String xh) {
        getHibernateTemplate().get(Xs.class, xh);
    }
    @Override
    public void update(Xs xs) {
        getHibernateTemplate().saveOrUpdate(xs);
    }
    @Override
    public List queryAll() {
        return getHibernateTemplate().find("from Xs");
    }
    @Override
    public Xs queryByXh(String xh) {
        return (Xs)getHibernateTemplate().get(Xs.class, xh);
    }
}
```

实验内容:修改 XsServiceImpl.java

```java
package service;
import java.util.List;
import po.Xs;
import dao.XsDao;
public class XsServiceImpl implements XsService {
    private XsDao dao;
```

```
    public XsDao getDao() {
        return dao;
    }
    public void setDao(XsDao dao) {
        this.dao=dao;
    }
    @Override
    public void addXs(Xs xs) {
        dao.add(xs);

    }
    @Override
    public void deleteXs(String xh) {
        dao.delete(xh);
    }
    @Override
    public void updateXs(Xs xs) {
        dao.update(xs);
    }
    @Override
    public List queryAllXs() {
        return dao.queryAll();
    }
    @Override
    public Xs queryXsByXh(String xh) {
        return dao.queryByXh(xh);
    }
}
```

实验内容:修改 ShowAllXsAction. java

```
package action;
import java.util.List;
import org.apache.struts2.ServletActionContext;
import service.XsService;
import com.opensymphony.xwork2.ActionSupport;
public class ShowAllXsAction extends ActionSupport {
    private XsService xsService;
    public XsService getXsService() {
        return xsService;
    }
    public void setXsService(XsService xsService) {
        this.xsService=xsService;
    }
    @Override
    public String execute() throws Exception {
        List all=xsService.queryAllXs();
        ServletActionContext.getRequest().setAttribute("all",all);
        return SUCCESS;
    }
}
```

实验内容:在项目的 WEB-INF 目录中配置 applicationContext. xml

```xml
<?xml version="1.0" encoding="UTF-8"?>
<beans
    xmlns="http://www.springframework.org/schema/beans"
    xmlns:xsi="http://www.w3.org/2001/XMLSchema-instance"
    xsi:schemaLocation="http://www.springframework.org/schema/beans
    http://www.springframework.org/schema/beans/spring-beans-2.0.xsd">
<!--定义数据源 Bean-->
<bean id="dataSource"
    class="org.springframework.jdbc.datasource.DriverManagerDataSource">
    <property name="driverClassName">
        <value>com.mysql.jdbc.Driver</value>
    </property>
    <property name="url">
        <value>jdbc:mysql://localhost:3306/mydb? useUnicode=
true&characterEncoding=UTF-8</value>
    </property>
    <property name="username">
        <value>root</value>
    </property>
    <property name="password">
        <value>123456</value>
    </property>
</bean>
<!--定义 SessionFactory-->
<bean id="sessionFactory"
    class="org.springframework.orm.hibernate3.LocalSessionFactoryBean">
    <property name="dataSource">
        <ref bean="dataSource"/>
    </property>
    <property name="hibernateProperties">
        <props>
            <prop key="hibernate.dialect">
                org.hibernate.dialect.MySQLDialect
            </prop>
            <prop key="hibernate.show_sql">false</prop>
        </props>
    </property>
    <property name="mappingResources">
        <list>
            <value>po/Xs.hbm.xml</value>
        </list>
    </property>
</bean>
<!--定义 hibernateTemplate -->
<bean id="hibernateTemplate"
  class="org.springframework.orm.hibernate3.HibernateTemplate">
    <property name="sessionFactory">
        <ref bean="sessionFactory"/>
```

```
        </property>
    </bean>
    <!--配置 DAO 组件-->
    <bean id="xsDao" class="dao.XsDaoImpl">
        <property name="hibernateTemplate">
            <ref bean="hibernateTemplate"/>
        </property>
    </bean>
    <!--配置业务逻辑组件-->
    <bean id= "xsService" class="service.XsServiceImpl">
        <!--为业务逻辑组件注入 DAO 组件-->
        <property name="dao" ref= "xsDao"></property>
    </bean>
    <!--创建 ShowAllActon 实例-->
    <bean id="showAllAction" class="action.ShowAllXsAction">
        <property name="xsService" ref="xsService"></property>
    </bean>
</beans>
```

实验内容：在项目的 src 目录中配置 struts.xml

```
<?xml version="1.0" encoding= "UTF-8?>
<! DOCTYPE struts PUBLIC
    "-//Apache Software Foundation//DTD Struts Configuration 2.0//EN"
    "http://struts.apache.org/dtds/struts-2.0.dtd">
<!--struts 为配置文件根元素-->
<struts>
    <!--Action 必须放在指定的包名空间中-->
    <package name="struts2" extends="struts-default">
        <!--定义 showAll 的 Action,其实现类为 Spring 中的 showAllAction-->
        <action name="showXs" class= "showAllAction">
            <!--定义处理结果与视图资源之间的关系-->
            <result name="success"> /showXs.jsp</result>
        </action>
    </package>
</struts>
```

实验内容：showXs.jsp

```
<%@  page language="java" contentType="text/html;charset=UTF-8%>
<%@  page import="java.util.*,po.*,org.apache.struts2.ServletActionContext" %>
<html>
<head>
<title> 学生信息列表</title>
</head>
<body>
<%
  List list=(List)ServletActionContext.getRequest().getAttribute("all");
  Iterator it=list.iterator();
%>
  <center>
```

```
<table>
<tr>
<th> 学生学号</th><th> 学生姓名</th><th> 学生性别</th>
</tr>

  <% while(it.hasNext())
  {
    Xs xs=(Xs)it.next();
  %>
  <tr>
  <td><%=xs.getXh()%></td>
  <td><%=xs.getXm()%></td>
  <td><%=xs.getXb()%></td>
  </tr>
  <% } %>
</table>
</center>
</body>
</html>
```

在浏览器地址栏内发送 showXs. action 请求,结果如图 14-5 所示。可以发现在配置文件 applicationContext.xml 中定义的类对象在需要的时候将被 Spring 框架直接引用,并封装了 Hibernate 框架的持久层操作,从而大大降低了代码之间的耦合度。

图 14-5　showXs. action 请求的执行结果

14.4　实践练习

使用 SSH 框架实现对图书表(包含书号、书名、作者、出版社、出版日期、价格字段)的插入、删除、修改和查询操作。

参 考 文 献

[1] 石志国,薛为民,董洁.JSP 应用教程[M].北京:清华大学出版社,2004.

[2] 卜炟,等.零基础学 Struts[M].北京:机械工业出版社,2009.

[3] 王林玮,沙明峰.精通 JSP 开发应用(Eclipse 平台)[M].北京:清华大学出版社,2012.

[4] 朱庆生,古平.Java 程序设计[M].北京:清华大学出版社,2011.

[5] 谭浩强,等.Java 编程技术[M].北京:人民邮电出版社,2003.

[6] 飞思科技产品研发中心.JSP 应用开发详解[M].2 版.北京:电子工业出版社,2004.

[7] 廖若雪.JSP 高级编程[M].北京:机械工业出版社,2001.

[8] 刘晓华,张健,周慧贞.JSP 应用开发详解[M].3 版.北京:电子工业出版社,2007.

[9] 王诚梅,袁然,王艳.JSP 案例开发集锦[M].北京:电子工业出版社,2005.

[10] 梁建武,邹锋.JSP 程序设计实用教程[M].北京:中国水利水电出版社,2007.

[11] 明日科技,王国辉,王易.JSP 数据库系统开发案例精选[M].北京:人民邮电出版社,2006.

[12] 鲍永刚,张英福,王德高.SQL 语言及其在关系数据库中的应用[M].北京:科学出版社,2007.

[13] 宋波,董晓梅.Java 应用设计[M].北京:人民邮电出版社,2002.

[14] 崔洋,贺亚茹.MySQL 数据库应用从入门到精通[M].北京:中国铁道出版社,2013.

[15] 张道海,等.JAVA/JSP 程序设计简明实训教程[M].南京:东南大学出版社,2015.